普通高等教育“十四五”规划教材

高分子材料与工程专业实验

主　编　史　博
副主编　许体文　江李旺　班建峰

中国石化出版社

内 容 提 要

本教材以高分子材料与工程专业理论知识为基础，以实验、实践训练为中心，内容设计突出学生中心、产出导向的能力培养。全书共分为5章：基础知识、高分子化学实验、高分子物理实验、高分子材料成型加工实验和高分子材料综合实验。内容覆盖面广，对高分子材料与工程专业理论知识的理解具有重要的帮助作用。

本书可作为工科、理科高等院校高分子材料与工程专业及相关专业的实验教材，也可作供从事高分子材料与相关专业的研究人员学习参考。

图书在版编目(CIP)数据

高分子材料与工程专业实验 / 史博主编;许体文，江李旺，班建峰副主编. — 北京 :中国石化出版社，2022.2
ISBN 978-7-5114-6526-9

Ⅰ. ①高… Ⅱ. ①史… ②许… ③江… ④班… Ⅲ. ①高分子材料-实验 Ⅳ. ①TB324.02

中国版本图书馆 CIP 数据核字(2022)第 018021 号

中国石化出版社出版发行
地址:北京市东城区安定门外大街 58 号
邮编:100011 电话:(010)57512500
发行部电话:(010)57512575
http://www.sinopec-press.com
E-mail:press@sinopec.com
北京力信诚印刷有限公司印刷
全国各地新华书店经销
*
787×1092 毫米 16 开本 11 印张 272 千字
2022 年 3 月第 1 版 2022 年 3 月第 1 次印刷
定价:36.00 元

《高分子材料与工程专业实验》

编　委　会

主　编　史　博

副主编　许体文　江李旺　班建峰

编　委　杨鑫莉　杜小清　李瑞芳　廖军秋
　　　　李少权　麦东东　何富安　潘露露
　　　　吴　铛　姚　棋　李瑞雪　杨　营
　　　　阳　博　任合刚　付　文　张世杰
　　　　齐民华　黄军左　付　萌　黎相明
　　　　唐敏峰

前　言

在“全员、全方位、全过程”的三全育人理念指导下，“以学生为中心，产出为导向”的育人思想已成为新时代教育工作要求。本书遵循材料类专业教学质量国家标准、工程教育专业认证标准，借鉴了华南理工大学、华东理工大学同类教材，融入本专业多年以来教学改革的成果编写而成。

本书将高分子材料与工程专业的高分子化学、高分子物理、成型加工等基础性实验、综合性实验和研究创新实验有机结合，培养学生综合运用专业知识，解决复杂工程问题的能力。经过实验训练后，学生能够运用相关专业知识和实践技能解决高分子材料与工程专业的实际工程问题，并具有一定的实验方案设计和新产品开发的创新能力，为今后走向工作岗位和继续深造打下坚实的基础。

全书共分为5个章节，两个层次。第1~4章为基本实验知识和专业基础实验，通过专业基础实验学习和训练，学生能根据实验方案搭建系统，安全开展实验研究，正确采集实验数据，并能够综合分析实验结果，得到有效结论。第5章为综合、设计性实验，通过该章的学习和训练，学生能应用高分子专业知识，根据材料应用领域需求，设计合适的高分子材料合成、改性加工及研究方案，并能够了解自身在团队中作为团队成员或负责人应承担的任务，更好地与团队成员协作完成指定任务。

本书第1章由史博、许体文、李少权编写；第2章由杨鑫莉、史博编写，第3、4章由江李旺、许体文编写，第5章由许体文、班建峰编写。全书由史博统稿，李少权、廖军秋校核。此外，还有许多老师为本教材提供参考、为本教材编写和完善付出了辛勤劳动，在此表示感谢。

由于涉及的高分子材料与工程专业实验类型较多，加之编者水平有限，书中难免存在疏漏和不妥之处，敬请读者批评指正。

目　　录

第 1 章　实验基础知识

高分子材料与工程专业实验由高分子化学实验、高分子物理实验、高分子成型加工实验、高分子材料综合、设计性实验组成，是高分子材料与工程专业本科学习的重要专业实践内容。其教学目的是培养学生通过实验验证和创新，加深对高分子材料与工程专业的高分子材料的化学合成、高分子材料物理性能以及高分子成型加工过程和影响因素的理解，培养学生正确选择高分子材料合成、加工与性能测试的方法。同时也承载着培养学生创新思维、理论联系实际、实事求是、细致严谨的科学态度与良好工作作风的育人目标。为更好地开展高分子材料与工程专业系列实验，本章对高分子材料合成、加工、改性的实验基本知识和重要参数进行简单介绍。

1.1　高分子化学实验基础知识

高分子化学实验主要采用不同的聚合方法合成聚合物。较完整的聚合物合成过程包括单体的精制、引发剂的提纯、聚合过程的控制、聚合产物的收集等，本节主要围绕聚合物合成中涉及的单体精制、引发剂提纯、聚合实施方法、聚合反应的控制和终止、聚合物的分离、精制和干燥等进行简单介绍。

1.1.1　排氧和排湿操作

多数情况下，氧气聚合反应过程影响较大，如自由基聚合的引发和终止反应、离子型引发剂的活化和去活化、以及高聚物的降解(尤其是在缩聚中)等。这些影响即使在氧气浓度很低时也很显著，所以聚合反应多在惰性氛围(惰性气体或氮气)下进行，例如以氮气为聚合反应的惰性氛围时需用高纯度氮气。在使用氮气作为保护气时，向反应容器中充氮气需反复交替抽空气、充氮气，而不能只是简单地向容器内鼓氮气，且最好采用聚氯乙烯管和玻璃管通氮气。

在氮气氛围下进行反应或蒸馏时，为防止环境中的空气扩散到反应体系中，可以添加简单的汞封或石蜡油封装置(见图 1-1)。使用自燃试剂(例如有机金属化合物)，或进行压力变化很快的反应时，最好添加反压阀装置(见图 1-2)。

离子型聚合反应所需容器和反应体系均需排氧排湿。玻璃仪器在反应前应在高真空下加热除去内壁吸附的水分子；反应中使用的气体可用冷冻除水法或将其通过装有适当干燥剂(见表 1-1)的干燥塔或柱子进行干燥；反应中使用的液体原料则可用适当的干燥剂(沸腾回流)或共沸、萃取蒸馏进行脱水，如四氢呋喃脱水可在氮气保护下加入钠丝共沸除水，辅以二苯甲酮作为无水无氧指示剂。

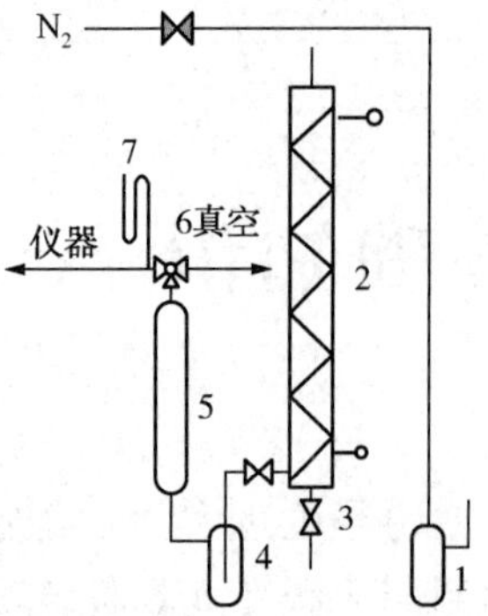

图 1-1 氮气精制和干燥装置

1—汞泄压阀；2—催化剂柱；3—催化剂还原活化时氧和水气的出口阀；4—石蜡油封；5—干燥柱；6—仪器抽空充氮用三通活塞；7—汞压力剂

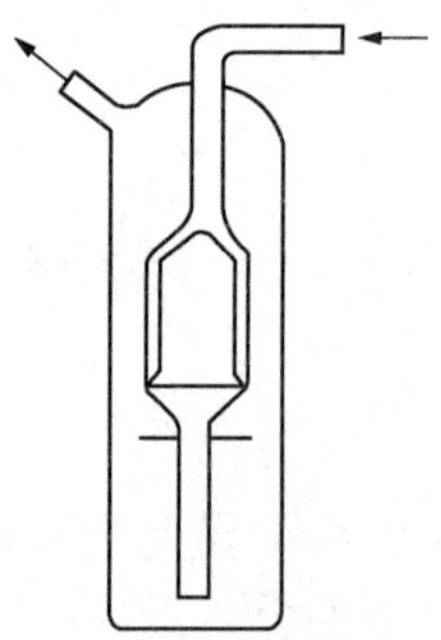

图 1-2 带密封液和反压阀的密封装置

表 1-1 用于气体和液体的干燥剂

干燥剂	残余水分/(mg/L)	干燥剂	残余水分/(mg/L)
无水氯化钙	0.3~1.2	4A 分子筛	0.001
氧化钙	0.2	-75℃下冷冻	0.001
干燥硅胶	0.006	金属钠	—
熟石膏	0.005	氢化钙	—
浓硫酸	0.003	高氯酸镁	0.0005
灼烧氢氧化钾	0.002	五氧化二磷	0.00002

注意：化学惰性的干燥剂才可用于干燥液体，否则可能发生不应有的副反应(例如室温下向苯乙烯中加浓硫酸会发生爆炸性聚合)。

1.1.2 常用单体的精制

(1) 甲基丙烯酸甲酯(MMA)的精制

甲基丙烯酸甲酯是一种无色透明的液体，沸点 100.3~100.6℃，熔点-48.2℃，微溶于水，易溶于乙醇和乙醚等有机溶剂。

市售的甲基丙烯酸甲酯一般都含有阻聚剂，常见的阻聚剂是对苯二酚，可用碱溶液洗去。MMA 进行纯化处理方法如下：500mL 分液漏斗中加入 250mL 的甲基丙烯酸甲酯，用 50mL 的 NaOH(5%)水溶液洗涤数次至无色，再用蒸馏水洗至水层呈中性；分尽水层后，加入单体量 5%左右的无水硫酸钠进行 MMA 的干燥，充分摇动并放置干燥 24h 以上，减压蒸馏(16.5kPa)收集 50℃的馏分。

(2) 苯乙烯 St 的精制

苯乙烯为无色(或略带浅黄色)的透明液体，沸点 145.2℃，熔点-30.6℃。

苯乙烯的精制方法和甲基丙烯酸甲酯的精制方法基本相同。在 500mL 分液漏斗中加入 250mL 的苯乙烯，每次用约 50mL 的 NaOH(5%)水溶液洗涤至无色后，再用蒸馏水洗至水层呈中性，然后加入适量的无水硫酸钠放置干燥，减压蒸馏(5.33kPa)收集60℃的馏分。

(3) 醋酸乙烯酯(VAc)的精制

在500mL分液漏斗中加入300mL的醋酸乙烯酯，加入60mL饱和碳酸钠溶液，充分摇晃后放尽水层。如此2~3次，再用100mL蒸馏水洗涤，用60mL的碳酸钠(10%)水溶液洗两次，最后用蒸馏水洗至中性，加入无水硫酸钠干燥并存放在冰箱内。干燥后的醋酸乙烯酯常压蒸馏，收集72~73℃的馏分。

1.1.3　常用引发剂的提纯

连锁聚合反应引发剂主要用于引发聚合反应，为了控制聚合物相对分子质量和聚合反应速率，必须准确地计算引发剂的用量。引发剂性质通常较活泼，在储运中易氧化、潮解，其纯度随着存放时间的延长而有所下降，因此聚合前要对使用的引发剂进行提纯。

(1) 过氧化苯甲酰(BPO)的提纯

过氧化苯甲酰常用结晶法提纯，具体实施方法是以氯仿(也可使用苯、四氯化碳)作溶剂，以甲醇作沉淀剂进行精制(BPO需在室温下溶解于溶剂中，高温溶解易爆炸)。

具体提纯步骤为：在100mL烧杯中加入5g的过氧化苯甲酰和20mL氯仿，不断搅拌使BPO溶解，过滤除去不溶物，将滤液滴入50mL甲醇中进行结晶，过滤得到白色针状结晶，再用冰冷的甲醇洗涤晶体。二次重结晶后重复上述洗涤、过滤过程，将收集得到的白色晶体置于真空干燥箱中干燥后存放于棕色瓶中，保存于干燥器内备用。

(2) 偶氮二异丁腈(AIBN)的提纯

偶氮二异丁腈的熔点为102~103℃(分解)，是一种应用广泛的引发剂，乙醇、甲苯和石油醚等常用作提纯精制的溶剂。

具体提纯步骤为：在150mL锥形瓶中加入50mL乙醇，水浴加热至接近沸腾，迅速加入5g偶氮二异丁腈，摇荡使其全部溶解(煮沸时间长分解严重)，溶液趁热迅速抽滤滤去杂质(过滤所用布氏漏斗和吸滤瓶须预热)，滤液冷却后即可得到白色结晶，室温下真空干燥后置于棕色瓶中干燥保存。

(3) 过硫酸钾或过硫酸铵的提纯

过硫酸盐，例如过硫酸钾和过硫酸铵是典型的水溶性无机过氧类引发剂，多用于乳液聚合和水溶液聚合，其所含杂质一般为硫酸氢钾(或铵)和硫酸钾(或铵)。

具体提纯步骤为：将过硫酸盐溶解于40℃的水中获得过饱和溶液，过滤后收集滤液并低温结晶，抽滤获得的晶体用冰水洗涤(用$BaCl_2$溶液沉淀法检验溶液中无硫酸根或硫酸氢根离子为止)，将收集到的白色柱状或板状过硫酸盐结晶真空干燥(35℃)后保存备用。

1.1.4　聚合反应实施方法

聚合反应按照实施方法主要分为本体聚合、溶液聚合、悬浮聚合和乳液聚合。

(1) 本体聚合

本体聚合体系仅由单体和少量(或无)引发剂组成，产物纯净，后处理简单，适合于实验室研究使用，例如：单体聚合能力的初步评价、少量聚合物的试制、聚合动力学研究、共聚反应竞聚率测定等。但应注意本体聚合(特别是本体自由基聚合)放热高、黏度大、散热难，对于高熔点的聚合物合成不大适用。

对于连锁聚合机理的苯乙烯、甲基丙烯酸甲酯、氯乙烯、乙烯等气、液态烯类单体而言，均可以本体形式进行聚合，但不同单体的聚合活性、聚合物-单体的溶解情况、凝胶效应等各不相同；虽然都以本体聚合命名，但其动力学行为、传递特征以及聚合工艺差别较大。

对于逐步聚合机理的熔融缩聚而言，聚合产物是在高于原料或聚合物熔点温度下用本体聚合得到的。聚合反应时，聚合物的相对分子质量和熔融黏度随反应程度升高而不断增高，即使在减压下从缩聚反应体系中脱除挥发性产物(水、乙醇)也愈来愈困难。为了获得高相对分子质量和进一步脱除低相对分子质量副产物，在某些情况下，不得不在反应接近终点时仍在250℃或更高温度下聚合。因此，熔融缩聚法仅在原料和生成的缩聚物均热稳定的情况下才适用，否则就会有显著的副反应，如氧化变色、交联或相对分子质量降低等副反应。较高熔点的聚酰胺如芳香族聚酰胺，可用二元胺与二元羧酸或二元酰氯的溶液缩聚或界面缩聚来制取。总体而言，熔融缩聚所得的聚合物相对分子质量一般不超过50000，所制得的聚合物通常直接使用。

（2）溶液聚合

对于高熔点聚合物合成和直接使用的聚合物溶液，常选用溶液聚合法实施。通常而言，单体和引发剂溶于适当溶剂中的聚合称为溶液聚合。

在多数聚合反应中，溶剂对聚合反应有影响，从而使反应偏离正常的聚合过程，如在自由基聚合中，大分子自由基会向溶剂转移而发生链转移反应，结果使平均聚合度降低(聚合速度保持不变)并产生支链。此外，在链转移常数大的溶剂中，只能得到低相对分子质量的产物，其末端含有链转移的碎片(调聚反应)。在阳离子聚合中溶剂的影响更甚，除发生链转移反应外，还与引发剂发生反应(如Lewis酸同烷基卤化物反应)。此外，溶剂的介电常数也是聚合反应的重要影响因素。在某些阴离子聚合中，溶剂还对重复单元的空间排列有影响。因此每种单体的聚合必须根据聚合方法、反应条件和用途选择合适的溶剂。

缩聚反应也有在溶液中进行的，但并不常用。制备不耐熔融缩合条件的聚酯或高熔点聚酯，就可用二元醇和二元酸的溶液缩聚；对于相对分子质量大于30000的聚酯的合成也可以采用溶液缩聚法。

溶液缩聚反应通常采用惰性溶剂，单体浓度一般为20%左右。若要排除水等副产物，应采用憎水溶剂如苯、甲苯、二甲苯或氯苯等作为反应溶剂，可通过在反应装置上安装油水分离器将反应产生的水等副产物分离而使反应进一步进行，因此溶液聚合的黏度较低，析出的水较易除去。但是溶液缩聚反应通常在低于溶剂沸点的温度下进行，若要获得高酯化反应速度，通常使用催化剂加快反应速度(通常是酸性化合物，如对甲苯磺酸、盐酸等)。如果起始组分之一(二元醇或二元酸)不溶于反应溶剂，可在约120~150℃下进行熔融预缩合，然后再将所得到的低相对分子质量聚酯在溶液中继续缩聚。

缩聚物，特别是聚酰胺，也能通过Schotten-Baumann反应在低温下采用溶液聚合法制备。如二胺和二酰氯在惰性溶剂中(氯仿、苯、1，2-二氯乙烷或甲乙酮)反应，并用缚酸剂(吡啶，浓度约为10%)吸收副产物氯化氢提高转化率。此法缩聚反应温度低(0~40℃)，反应速度快(一般在几分钟内生成高相对分子质量的缩聚物)，不需要严格控制反应物间的摩尔比，设备简单，实验室制备少量缩聚物时可使用此法。

（3）悬浮聚合

悬浮聚合是单体小液滴悬浮在水中的聚合方法。悬浮聚合体系一般由单体、油溶性引发剂、水、分散剂四个基本组分构成，工业化悬浮聚合的配方则要复杂一些。

在悬浮聚合中，通常把含有油溶性引发剂（如过氧化苯甲酰、偶氮二异丁腈）的液态单体在剧烈搅拌下，以极细的液滴状态均匀地分散在水中，聚合在单体小液滴中进行。悬浮聚合的聚合速度、产品平均相对分子质量以及产品的性质，均与同等条件下本体聚合所得到的聚合物相当。聚合反应中添加少量（约 0.1%）保护胶体可防止单体液滴的汇集，有助于单体在水中的分散，并能够防止被单体所溶胀的聚合物颗粒的凝集。

悬浮聚合产物的粒径大小约为 0.05~2mm（或 0.01~5mm），粒径大小主要受搅拌和分散剂控制。悬浮聚合结束后，回收未聚合的单体，聚合物经分离、洗涤和干燥即可得到粒状或粉状树脂颗粒。

在自由基悬浮聚合中，几乎只有水作分散介质（水的用量为单体用量的 2~10 倍）。如果单体部分溶于水或聚合物不溶于单体，则聚合物以分离的、不规则形状的颗粒沉淀下来；如果单体和引发剂不溶于水，而聚合物溶于单体，那么就生成均匀的聚合物小珠，其直径视不同反应条件在 0.5μm 至数毫米之间波动，该种悬浮聚合反应又称为珠状聚合。

（4）乳液聚合

单体在水中分散成乳液状态的聚合称为乳液聚合。传统的乳液聚合基本配方由单体、水、水溶性引发剂和水溶性乳化剂四部分构成。一般而言，以单体 100 份（质量）为基准，水 150~250 份，乳化剂 2~5 份，引发剂 0.3~0.5 份。

乳液聚合多用于烯类单体的加聚反应。乳液聚合时，将引发剂、乳化剂、不溶或微溶于水的单体分散在水中形成胶束，聚合反应在胶束中进行。乳液聚合和悬浮聚合相比，不同之处有：①乳液聚合单体的分散是由于乳化剂的存在所致，乳化剂将单体富集，形成胶束，胶束颗粒（约 0.1μm）比悬浮聚合的颗粒小很多；②乳液聚合除少数特殊情况外，一般都采用水溶性引发剂（如过硫酸钾与亚铁盐组成的氧化还原引发体系）；③乳液聚合反应场所为胶束，随着反应的进行胶束再慢慢溶胀为胶乳粒子；④乳液聚合的聚合速度（在一定的引发剂浓度下）由胶束数目及乳化剂的浓度决定。乳液聚合的优点在于能同时提高聚合速度和聚合度，且聚合反应温度低；当使用氧化还原引发体系时可降低引发剂分解温度，在某些情况下反应温度甚至可低于 20℃。

乳液聚合的成败极大地依赖于乳化剂的效率，而乳化剂的效率受许多因素（如单体的类型，水相的 pH 值、温度等）的影响。常见的乳化剂按其亲水基团的类型分为阴离子型乳化剂（如油酸钠之类的脂肪酸的碱金属盐、烷基磺酸盐）、阳离子型乳化剂（如铵盐、季铵盐）和非离子型乳化剂（环氧乙烷和烷基酚的加成物）。

当浓度很低时，乳化剂以离子或分子形式溶解在水中。随着浓度的增加，乳化剂分子相互聚集形成胶束，其中乳化剂分子的憎水部分指向内，而亲水部分指向外，即指向了水相中。产生这种聚集状态时的乳化剂浓度称为临界胶束浓度，每一种乳化剂均有对应的临界胶束浓度值。在进行乳液聚合时，乳化剂浓度必须高于临界胶束浓度，其值通常为单体质量的 0.5%~5%。在水包油的乳液聚合中，所用的水量是单体量的 0.5~4 倍。

1.1.5 聚合反应的控制和终止

聚合反应条件可在一定范围内影响聚合物的平均相对分子质量及物理性能。例如在自由基聚合中，升高反应温度或增加引发剂用量可使聚合速率增加，但产物的平均相对分子质量随反应温度的增加、引发剂用量增加而降低。当聚合温度较高或引发剂浓度较高时，聚合反应体系容易发生副反应，所以在多数情况下通过添加链转移剂(相对分子质量调节剂)来控制相对分子质量而不影响聚合速度，此时链转移剂碎片作为端基进入大分子中。硫醇(正丁基硫醇、十二烷基硫醇)和其他硫化物(如二异丙基黄原酸二硫化物)，以及脂肪族卤化物、醛类和缩醛类都是适宜的链转移剂。

聚合反应在许多情况下(如通过聚合反应进行聚合动力学研究，测竞聚率或制备非支化聚合物)并非进行到单体转化率100%为止。实验室终止聚合反应可用不同的方法，例如可将反应混合物或部分样品倾入到足够量的沉淀剂中以终止聚合，聚合物沉淀析出后，未反应完全的单体和引发剂即可极大地稀释，同时也实现了聚合物的分离。最有效终止聚合反应的方法是加入阻聚剂或能破坏引发剂的化合物，但需根据聚合反应的类型选择阻聚剂。在自由基聚合中常使用对苯二酚或*N*-苯基-*β*-萘胺作为阻聚剂。分段离子型聚合中一般加入水、酸或碱破坏引发剂终止反应，避免混合物回暖到室温时，引发剂继续反应导致的温度猛烈自动上升，例如有机金属化合物(包括 Ziegler-Natta 催化剂等)可用水或醇破坏，Lewis 酸(包括 BF_3等)则用胺做终止剂。

缩聚反应产物的相对分子质量控制较容易，可在增长过程中的任何阶段降温终止反应。还可调节反应物摩尔比或加入计量比的单官能团化合物来调节相对分子质量或终止缩聚反应。

1.1.6 聚合物的分离

如果聚合物不溶于聚合反应体系(沉淀聚合、悬乳聚合以及界面缩聚)，可用过滤法(水溶液用滤纸过滤，有机溶液用烧结玻璃漏斗过滤)或离心法把聚合物分离出来。

如果聚合物溶于聚合反应混合体系中，有两种分离方法：

① 减压蒸馏法除去溶剂、过剩的单体和其他挥发性成分。这样所得到的聚合物一般呈树脂状，其中夹杂着引发剂残渣、包藏的单体和溶剂，此方法很少使用。

② 加入沉淀剂使聚合物析出。此方法沉淀剂应满足下列要求：应与单体、所用溶剂以及所有的添加剂(如引发剂)和副产物(如低聚物)相混溶；应使聚合物以片状(非油状，非树脂状)沉淀析出；沉淀剂沸点应尽可能低，且不应过多地被聚合物所吸附或包容。

沉淀聚合物的方法一般如下：将反应混合物或聚合溶液在强烈搅拌下滴加到4~10倍量的沉淀剂中。聚合物溶液的浓度(一般不超过10%)和沉淀剂的量应使聚合物以易于过滤的片状沉淀为宜；加入电解质(氯化钠或硫酸铝溶液、稀盐酸、乙酸或氨水)使其凝聚；长时间搅拌或摇荡也会促使聚合物凝聚。

对溶剂有强吸附性的聚合物和易于树脂化的聚合物可用喷射沉淀法使之沉淀，即聚合物溶液以细雾喷射到沉淀剂中去。该法所得细小片状沉淀的表面积大，有利于单体和其他包藏杂质从聚合物中扩散出来。

水溶性聚合物一般可倾入乙醇、丙酮或甲醇与乙醚混合物中进行沉淀。从水乳液中分出聚合物较困难，可用水稀释(同时加入电解质)破乳、冻出法、倾入或喷入乙醇或丙酮中沉淀。

1.1.7　聚合物的精制和干燥

聚合物的精制和干燥对聚合物的力学、电学和光学性能等至关重要。

常规分离低相对分子质量化合物方法(如蒸馏、升华和结晶)并不适用于高分子化合物。在某些情况下，可用适当溶剂进行冷萃取或热萃取，或用水蒸气蒸馏以除去聚合物中杂质。从水溶性聚合物(如聚丙烯酸、聚乙烯醇、聚丙烯酰胺)中分离低相对分子质量组分可用渗析法或电渗析法。最常用的精制法为再沉淀法，具体实施如下：在搅拌下，将聚合物均相溶液倾入到过量的沉淀剂(4~10 倍量)中，重复沉淀多次进行精制，必要时用不同的沉淀剂多次重复沉淀，直至聚合物检测不出干扰杂质为止。

许多聚合物对溶剂或沉淀剂有强烈的吸附或包藏作用，因此聚合物的干燥较困难，在高真空下干燥往往需要 2~3 天。干燥好坏取决于聚合物的粉碎程度，故常用冷冻干燥技术进行聚合物的干燥。有些情况下，冷冻干燥和喷射沉淀可以联合使用。例如，可将聚合物溶液倾入研钵中，其底部附以大约棒子大小的干冰，然后把干冰研碎，再把研钵放置于干燥器中，用油泵抽真空；也可以将聚合物溶液倾入到深冷的与该溶剂不混溶的液体中，例如水溶液倒入冷冻的乙醚中，聚合物以雪片状沉出后，倾去乙醚，然后如上述真空干燥。

1.2　高分子物理实验基础知识

聚合物的分子结构决定了产品的物理性质和加工性能。日常接触到的聚合物呈现的是多个分子链聚集在一起的聚集态，而分析聚合物或高分子材料性能时应先分析单个分子链的结构及分子链间的相互作用，再考虑多个分子链聚集在一起所表现出的宏观性能。

聚合物多采用本体、悬浮、溶液、乳液 4 种方法聚合得到，由于各种工艺采用聚合实施方法、单体、催化剂、聚合条件、共聚单体不同，因此每种聚合物的分子结构和性能存在差别，由此生产的聚合物产品存在各种级别，如工业化应用的合成树脂有挤出级、注塑级、吹塑级、拉丝级、涂覆级等。本部分仅对较为常用的聚合物的基本物理量及性能指标进行描述，聚合物的结构与性能的简要关系参见表 1-2。

表 1-2　聚合物结构对性能影响

要素	合成树脂结构							相对分子质量增加	结晶度		交联度适当增加	取向		无规共聚	共混
	主链		侧链(支化)		侧基										
	刚	柔，规整	长，多	短，少	极性	非极性	大体积		增加	下降		有	无		
密度	高	低	低	高	高	—	低	低	高	高	—	高	—	低	—
结晶度	低	高	低	高	低	—	低		—	—	—	高	低	低	低

续表

要素	合成树脂结构							相对分子质量增加	结晶度		交联度适当增加	取向		无规共聚	共混
	主链		侧链(支化)		侧基										
	刚	柔，规整	长，多	短，少	极性	非极性	大体积		增加	下降		有	无		
玻璃化温度	高	低	低	高	高		高	高	高	降低	—	增加	—	—	—
热变形温度	高	低	低	高	高		高	高	高	降低	—	增加	—	—	—
熔点	高	低	低	高	高		高	高	高	降低	—	增加	—	—	—
拉伸强度	高	低	低	高	高		高	高	高	降低	增加	高	相对低	降低	—
冲击强度	低	高	高	—	低		低	增加	下降	增加	增加	降低	—	增加	—
阻隔性	好	不好	不好	好	好			好	好	不好	—	好	不好	不好	

注：该表是对材料基本性能的单因素分析，不同牌号商品进行性能比较或因素分析应根据具体情况分析。

描述聚合物常用的物理量有聚合物结晶度、相对分子质量及相对分子质量分布等，而衡量合成树脂性能的常用指标有密度、等规度、熔融指数、拉伸强度、冲击强度、维卡软化温度、热变形温度等，以下分别介绍不同参数的概念及影响因素。

1.2.1 物理参数

(1) 密度

定义：聚合物的质量和体积的比值，即单位体积聚合物的质量，用 ρ 表示；单位：g/cm^3，测试标准：GB/T 1033.1—2008《塑料　非泡沫塑料密度的测定　第 1 部分：浸渍法、液体比重瓶法和滴定法》。

聚合物密度体现了分子链堆砌紧密程度。通常情况下聚合物支链含量增加、相对分子质量增加，密度下降；结晶度高、取向高，密度增加，反之密度下降。因此，聚合物密度是聚合物的结晶情况、支化、相对分子质量大小、取向的外在表现之一，而聚合物的密度对产品性能影响较大。

(2) 结晶度

定义：聚合物中结晶区域占总体(结晶和非结晶)的比例。简写：C；单位：%。

聚合物结晶度对产品的力学性能、密度、透明度、耐热性等具有重要影响。例如：结晶度及晶体尺寸大的材料，韧性差、冲击强度不佳。

原生树脂(未添加成核剂、填料等)透明与否是聚合物结晶的外在表现，通常结晶树脂不透明或半透明，非结晶树脂透明，但应注意有些塑料制品(如 PP 膜)可能是添加了透明成核剂而显现出透明状态；另外 PVC 聚合产品为多皮层结构，因此 PVC 原生树脂可能是不透明的。以下列出了聚合物结晶度的部分影响因素。

① 高分子链结构规整，对称性好，无支链、支链很少或侧基体积小、分子间作用力大，易结晶。

例如高抗冲聚苯乙烯(HIPS)分子链侧基为刚性苯环，很难结晶，较透明；PP 分子结构规整，均聚 PP 显然是高结晶聚合物，如不加透明成核剂则不透明。但丙烯聚合有时引入乙烯、丁烯、己烯等共聚单体，破坏了分子链规整结构，则产品为透明或半透明的非结晶聚合物，例如无规共聚 PP。LLDPE、EVA 同为乙烯与第二单体的共聚物，聚合物也为透明的非结晶聚合物。

② 加入成核剂可提高材料结晶度，进而提高材料的拉伸强度、热性能，但是材料的韧性也因此降低，所以从实际应用出发，聚合物的结晶度并不是越高越好。

结晶度对材料性能影响：

a. 结晶度高的优点：产品密度高、拉伸强度高、弹性模量增加、弯曲模量增加，耐热性好、高光泽。

b. 结晶度高的缺点：冲击强度下降，成型收缩率大。

例：HDPE 侧链少且短，最接近 PE 的理想结构，其结晶度大，强度高；而 LDPE 侧链长且多，故结晶度小，呈韧性。

(3) 等规度(等规指数)

定义：聚合物中等规部分(全同和间同)占全部质量的百分数。简写：IPP，单位:%，测试标准：GB/T 2412—2008《塑料　聚丙烯(PP)和丙烯共聚物热塑性　塑料等规指数的测定》。

由等规度可估测材料的力学性能，一般均聚和抗冲共聚 PP 对 IPP 指数有较高要求。

通常，聚合物的 IPP 主要由聚合反应的催化剂决定，等规度越高，聚合物的强度和耐热性越好。

(4) 相对分子质量及相对分子质量分布

定义：聚合物是由一系列相对分子质量不同的大分子同系物组成的混合物，其相对分子质量是同系物的平均值，相对分子质量大小由 M_n、M_W、M_z表示，相对分子质量分布由 PDI 表示。相对分子质量大小和相对分子质量分布对聚合物的熔体流动速率有影响，对聚合物材料的加工温度具有指导意义。

对非结晶聚合物而言，相对分子质量增加，聚合物力学性能增加；对结晶聚合物而言，相对分子质量增加会使结晶度略微下降，因此拉伸强度、冲击强度也略有下降。但聚合物高温流动黏度均随相对分子质量增加而增加，因此相对分子质量过高不利于加工成型。此外，聚合物的相对分子质量大小应兼顾使用和加工两方面的要求。

薄膜专用料要求聚合物相对分子质量高，相对分子质量分布较窄以保证力学性能，同时熔体流动速率范围值也较窄。因此，薄膜级树脂冲击强度高，韧性好，结晶度低，相对较透明。

注塑级树脂对于聚合物熔体的流动性要求较高，从加工效率和难易程度考虑，通常要求聚合物的熔融指数高且范围宽。注塑级树脂虽然相对分子质量相对小且分布较宽，但结晶度通常较高，材料拉伸强度、弯曲模量获得弥补，断裂伸长率下降，冲击强度下降。此时，窄的相对分子质量分布将赋予材料较高的拉伸强度、耐热性，对性能均一化有利，但不易加工或加工温度高；宽的相对分子质量分布将使材料力学性能整体下降，但对加工有利。

1.2.2 力学性能

（1）拉伸强度

定义：在聚合物拉伸实验中，试样直至断裂为止所受的最大拉伸应力。简写：TS；单位：MPa；测试标准：GB/T 1040。

拉伸强度是材料力学性能参数指标之一。几乎所有牌号的合成树脂技术指标中均有拉伸强度，但在材料使用中，材料在屈服后就已经失去了使用价值，因此更关注的是拉伸屈服强度。

聚合物结构对拉伸强度有重要影响，其与分子链规整程度和分子链间相互作用力的大小密切相关。凡是增加结晶度、增加分子链规整性、增加分子链刚性和增加分子链间相互作用力的因素均能使拉伸强度提高。

① 聚合物主链上含有芳杂环等刚性结构，其强度和模量都比脂肪族主链聚合物的高，因此新型的工程塑料大多主链含芳杂环。聚合物分子链侧基为极性官能团，分子链间相互作用力大，拉伸强度也高。例如：ABS 的拉伸强度高于 PS，主要是由于 ABS 中丙烯腈共聚单体给主链提供了极性侧基，因此 ABS 拉伸强度高。此外，ABS 中 SAN 橡胶相的引入又赋予了材料很好的冲击强度，因此 ABS 是拉伸强度和冲击强度兼顾的合成树脂。

② 分子链支化程度增加，由于分子链之间的距离增加，分子间相互作用力减小，因而聚合物的拉伸强度降低，但冲击强度提高，如 LDPE 比 HDPE 冲击强度高。

③ 适度的交联可以有效地增加分子链间的联系，使分子链不易发生相对滑移，材料不易发生大的形变，冲击和拉伸强度增高。但是交联过程中往往使聚合物结晶度下降，取向困难，因而过度的交联是不利的。

④ 聚合物相对分子质量对拉伸强度和冲击强度也有一定影响。当相对分子质量超过一定的数值以后，拉伸强度的变化不大或略有降低，而冲击强度则继续增大。人们制取高相对分子质量聚乙烯（M_n为 $5\times10^5 \sim 4\times10^6$）的目的之一就是为了获得具有高冲击强度（难结晶）的功能材料。

⑤ 聚合物结晶度增加，可以提高拉伸强度、弯曲强度和弹性模量。

⑥ 聚合物取向可以使高分子链顺着外力的方向平行地规整排列起来，拉伸强度大幅度提高。

⑦ 共聚破坏了原有聚合物分子链的规整性，拉伸强度降低，冲击强度增加。

（2）冲击强度

聚合物试样的冲击强度可分为悬臂梁冲击强度和简支梁冲击强度。其中冲击强度又可分为有缺口冲击强度和无缺口冲击强度，单位：J/m 或 kJ/m^2。

悬臂梁冲击强度定义：使用悬臂梁冲击试验机，在规定的标准试验条件下，对垂直悬臂夹持的试样施以冲击载荷，使试样破裂，以试样单位截面积所消耗的功表征材料韧性的一种方法。简写：Izod，单位：J/m（测试标准：ASTM D256）或 kJ/m^2（测试标准：GB/T 1843—2008）。

简支梁冲击强度定义：使用简支梁冲击试验机，在规定的标准试验条件下对水平放置并两端支撑的试样施以冲击力，使试样破裂，以试样单位截面积所消耗的功表征材料韧性的一种方法。

聚合物结构对冲击强度的影响：通常与聚合物拉伸强度的影响因素相反，降低聚合物规整性、降低结晶度、增加分子链活动能力或减小分子间相互作用力的因素均可提高冲击强度。此外，相对分子质量增加、适度交联、共聚都可以提高冲击强度。

(3) 撕裂强度

定义：撕裂薄型试样所需的力，膜状或者网状物的力学指标，单位：N/m。

通常提出此项检验要求的物品一般有降落伞布料，仪器仪表使用的承压膜片，橡胶制品等。

(4) 弯曲强度、弯曲模量

定义：弯曲强度是指材料在弯曲过程中承受的最大弯曲应力，反映了材料的抗弯曲能力，单位：MPa；弯曲模量是指理想材料弯曲时抵抗变形的能力，是小形变时应力与相应的应变之比，单位：MPa；测试标准：GB/T 9341—2008《塑料　弯曲性能的测定》或ASTM D790。

弯曲强度是材料刚性的度量。对于PE、PP、PVC而言，弯曲模量与断裂伸长率成反比、与冲击强度成反比，与拉伸强度成正比。因此也可根据材料的其他力学性能指标估测弯曲模量的大小。

弯曲模量可简单判断聚合物结构与性能。弯曲模量高，材料刚性大；如果是结晶材料则结晶度高(结晶度可估测合成树脂的系列性能)；如果是非结晶材料则刚性组分多或分子链呈刚性，材料的拉伸强度大，冲击强度小。

例：同等条件下，均聚PP弯曲模量高于共聚PP。

(5) 压缩强度

压缩强度是指在试样上施加压缩载荷至材料破裂(脆性材料，如PS等)或产生屈服现象(非脆性材料，如PP等)时，每单位横截面积上所能承受的载荷，单位：MPa。

(6) 断裂伸长率

断裂伸长率是在应力作用下，试样断裂时试样标线间的距离增加量与初始标距之比，单位:%。

1.2.3　流动性能

绝大多数聚合物的成型加工都是在熔融态下进行的，特别是热塑性聚合物的加工，例如滚压、挤出、注塑、吹塑、纺丝等。为此，聚合物在一定温度下的流动性正是其成型加工难易与否的重要依据。工业上常用简单的物理量来衡量材料加工温度下的流动性，例如塑料常用熔融指数，橡胶工业中常用门尼黏度。

熔融指数(MFR)定义：在规定温度(190℃)和载荷(2.16kgf)下，10min内挤出的热塑性物料的量，也即熔体每10min通过标准口模(2.09mm)毛细管的质量。单位：g/10min；测试方法：GB/T 3682。

高载荷熔融指数(HLMI)：测定温度(190℃)和载荷(21.60kgf)下，10min内挤出的热塑性物料的量，也即熔体每10min通过标准口模(2.09mm)毛细管的质量，单位：g/10min。

MFR 是热塑性塑料于熔融状态下流动性的评价指标。MFR 越高，加工性越好，成型时可以选择较低的温度和压力；MFR 越低，成型温度和成型压力相对较高。

工业生产中常在聚合过程中用链转移调节剂进行相对分子质量和 MFR 的调节(加入量越多，相对分子质量下降越多，MFR 增加越多)，也可以在挤出造粒中加入过氧化物使分子链断裂而进行调节。

1.2.4 温度参数

聚合物的温度参数主要有热变形温度、玻璃化温度、熔融温度等，也可以用这些温度参数衡量高聚物的耐热性。工业应用中常用耐热温度评价材料的耐热性。

(1) 热变形温度

聚合物材料的耐热温度是指在一定负荷下，材料到达某一规定形变值时的温度。发生形变时的温度通常称为塑料的软化点，有时也将软化点温度称为黏流温度。因为使用不同测试方法各有其规定选择的参数，所以软化点的物理意义不像玻璃化转变温度那样明确，常用维卡耐热、马丁耐热以及热变形温度评价塑料耐热性能，不同方法的测试结果相互之间无定量关系。

负荷热变形温度是塑料试样在等速升温的液体传热介质中，在三点式简支梁静弯曲负载作用下，试样弯曲变形达到规定形变量值时的温度。缩写：HDT；单位：℃；测试标准：GB/T 1634。

HDT 常用于控制树脂质量和鉴定新品种材料的热性能。需注意耐热性材料的技术指标必须提供该项数值，数值越高，耐热性越好。

(2) 维卡软化温度

维卡软化温度(Vicat Softening Temperature，简称 VST)，即维卡软化点，是将热塑性塑料放于液体传热介质中，在一定的负荷和一定的等速升温条件下，试样被 $1mm^2$ 的压针头压入 1mm 时的温度，用来测定材料的耐热性能，单位：℃；测试标准：GB/T 1633。

对于非结晶聚合物，维卡软化点在塑料玻璃化温度以下 10℃ 左右；对于结晶聚合物，维卡软化点在熔点以下 10℃ 左右。因此，能提高材料玻璃化温度或熔点的因素都会使材料维卡软化点提高。

聚合物结构对热变形温度的影响：凡是能使结晶度提高、聚合物中刚性组分增加、分子链规整程度增加、分子间相互作用力增加的因素均能提高材料的热变形温度。

(3) 熔融温度

晶态聚合物中含有结晶完善程度不同的晶体，其熔融过程有相对较宽的温度范围，在这个温度范围内，发生边熔融边升温的现象。熔点是晶态聚合物最重要的热转变温度，是聚合物最基本的性质之一。因此聚合物熔点的测定对理论研究及对指导工业生产都有重要意义，如成型加工温度的确定。

聚合物在熔融时，许多性质都发生不连续的变化，如热容量、密度、体积、折射率、双折射及透明度等。具有热力学一级相转变特征，这些性质的变化都可用来测定聚合物的熔点，常用的聚合物熔点测试方法为 DSC 法。

（4）玻璃化温度

高聚物由高弹态转变为玻璃态的温度，指无定型聚合物(包括结晶型聚合物中的非结晶部分)由玻璃态向高弹态或者由后者向前者的转变温度，是无定型聚合物大分子链段自由运动的最低温度，通常用T_g表示，随测定的方法和条件有一定的不同。常用DSC、DMA测定聚合物的T_g。

在T_g温度以上，高聚物表现出弹性；在T_g温度以下，高聚物表现出脆性，在用作塑料、橡胶、合成纤维等时必须加以考虑。

1.2.5　其他物性

（1）电阻率

材料的导电性是由于其内部存在传递电流的自由电荷，即载流子，它们可以是电子、空穴，也可以是正负离子。在外加电场作用下，这些载流子做定向移动，形成电流。导电性优劣与材料所含载流子的数量、运动速度有关。常用电阻系数(电阻率)ρ或电导系数(电导率)σ表征材料的导电性，它们是一些宏观物理量，而载流子浓度和迁移率则是表征材料导电性的微观物理量。

（2）磨耗

橡胶制品的磨耗是一种常见的现象。橡胶制品耐磨性能的优劣在很大程度上决定着产品的使用寿命，因而是一项重要的技术指标。橡胶磨耗测定有几种实验方法，常用的有阿克隆磨耗和滚筒磨耗。

阿克隆磨耗是采用阿克隆磨耗试验机进行实验记录的数据，单位：cm^3。同等情况下，该数值越大，耐磨耗性能越差。

另外，研究聚合物线性黏弹性行为，可以测定储能模量E'、损耗模量E''和损耗因子$tg\delta$。

1.3　高分子材料成型加工实验基础知识

高分子材料的成型是将粒状或粉状的聚合物原料变为具有一定形状和使用价值的高分子材料的过程，其成型加工离不开特定的加工设备、成型工艺及成型过程中物料一系列流变特性的变化，多因素相互影响，共同确保合格高分子制件的成型。聚合物成型加工中的流变参数主要包括熔体黏度、熔融指数等参数，受成型加工的温度、剪切速率的影响显著。不同的聚合物成型应根据材料的应用领域或制件要求选择不同的成型工艺，包括注塑成型、挤出成型、模压成型、吹塑成型、压延成型等，其中前两种应用最广，在合成树脂及塑料加工中占据绝对的优势；模压及压延成型工艺在橡胶加工中较为常用；吹塑成型又可分为挤出吹塑和注塑吹塑，在膜制品、容器配件的生产中较为普遍。下面对此部分内容进行简单阐述。

1.3.1　流变性能与加工

通用合成树脂的加工，一般都是在熔融态和一定的剪切速率下进行的。因此，在实际生产中，将温度和加工速度(剪切速率)这两个相互影响的工艺参数控制在合适的范围内是十分重要的。通用合成树脂的不同加工成型方法对原料的剪切黏度与剪切速率有相应的要求，而且剪切速率与原料熔体流动速率相关联(详见表 1-3)。

表 1-3　通用合成树脂各种加工成型方法所要求的工艺参数

生产方式	纺　丝	注　塑	挤　出	压　延
聚合物剪切速率/s^{-1}	10^4~10^5	10^3~10^4	10^2~10^3	10~10^3
聚合物剪切黏度/(Pa·s)	10~10^2	10^2~10^2	10^3~10^6	10^2~10^4
聚合物 MFR/(g/10min)	≥20	4~6	0.1~4	2~4

(1)通用树脂的流变性能及加工工艺选择

在制品加工的实际生产中，最主要的两个加工参数是加工温度和加工速度，将这两个参数调控到合理的范围，对制品的质量和产率有着决定性的影响。

对于加工温度，在保证加工性的基础上，要求加工温度尽可能低些。针对某一原料，应选择适当的加工温度，可以通过测试聚合物的流变性质，对照表 1-3 的剪切黏度与剪切速率，试验出所要求的加工温度。

加工速度对制品产率有直接影响，通常生产企业要求制品有较高的产率。提高加工速度将会增加熔体的剪切速率，而过高的剪切速率会使制品的质量降低。通过流变性能评价，可以确定加工速度的允许范围。

需注意的是，加工温度和加工速度是相互影响和相互制约的。通过调整温度来解决生产问题时，如果解决的效果不好，就要考虑调整加工速度。反之，对加工速度的调整，也是同样的道理。

(2) 通过树脂的流变性能判别加工特性

通过原料的流变黏度-剪切速率曲线，可以对树脂的加工特性做出评判。如果曲线的斜率较小，说明这一树脂对加工剪切速率的敏感性较低，加工区间较宽，加工稳定性好，调整温度比调整速度对树脂的加工性影响更大。如果曲线的斜率较大，说明此树脂对加工剪切速率的敏感性较高，加工区间较窄，对加工控制要求更高，调整速度比调整温度对树脂的加工性影响更大。实际生产过程中，常遇到的问题是：在相同的熔体流动速率、密度等物性指标情况下，不同牌号树脂、不同批次的同牌号树脂，其加工性有变化。这种变化是由树脂的相对分子质量及分布所造成的，常规的物性无法反映这种区别。在这种情况下，通常采用流变性能评价的方法，能方便快捷地评价出树脂间的变化，并根据评价结果，对后加工条件进行有效调整。

1.3.2　注塑成型工艺

注塑成型工艺适用于各种热塑性塑料加工，其成型周期短，产品花色品种多，形状可由简到繁，尺寸可小可大，制品尺寸准确，产品容易更新换代。注塑制品广泛应用于工业、农业、日用、建筑等各领域。

注塑加工的一般工艺条件如表 1-4 所示。

表 1-4　聚烯烃注塑成型一般条件

聚合物	熔体温度/℃	注射压力/MPa	模温/℃	物料允许含湿量/%	预热或干燥条件	
					温度/℃	时间/h
LDPE	170~250	30~80	30~70	0.1	70~80	0.5~1
HDPE	220~260	60~140	30~70	0.1	80~90	0.5~1
PP	220~270	80~150	40~80	0.1	80~100	0.5~1
PS	180~280	20~60	40~50	0.1	70~80	2~3
ABS	230~300	50~100	50~100	0.1	90~110	2~4
PVC	185~205C	70~150	20~50	0.1	不用干燥处理	

（1）普通注塑

普通注塑分螺杆注塑和柱塞注塑两种。螺杆注塑是将熔融的物料集中于螺杆前端，然后靠螺杆前移推力将物料注入模具内成型的加工方法，工艺如图 1-3 所示。

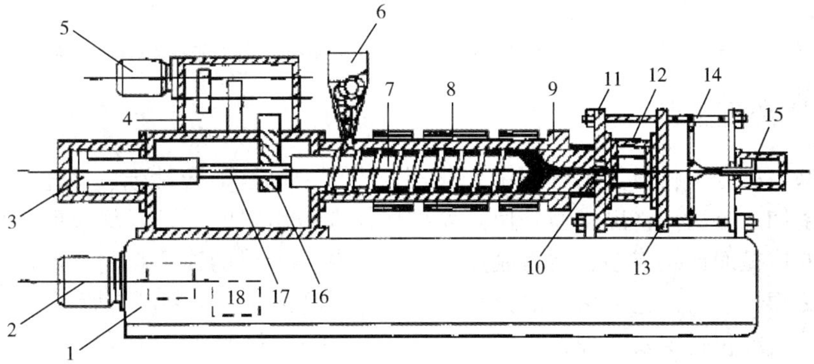

图 1-3　移动螺杆式注塑机结构示意图

1—机座；2—电动机及油泵；3—注射油缸；4—齿轮油；5—齿轮传动电动机；6—料斗；7—螺杆；8—加热器；9—料筒；10—喷嘴；11—定模板；12—模具；13—动模板；14—锁模机构；15—锁模用油缸；16—螺杆传动齿轮；17—螺杆花键槽；18—油箱

柱塞注塑是将原料加入螺杆挤出机中，先熔融挤出到前端的储缸，然后通过柱塞推力注入模具中成型的一种方法，工艺如图 1-4 所示。柱塞注塑法有利于实现小挤出机生产大型注塑制件。

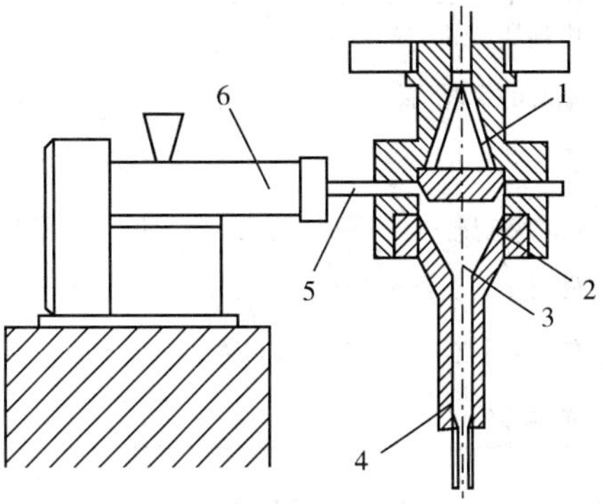

图 1-4　柱塞注塑原理

1—柱塞；2—储料腔；3—物料；4—注射喷嘴；5，6—挤出机

（2）复合注塑

该工艺用于生产“夹芯”制品，是由两台注塑机向一个模腔注塑的工艺方法，成型工艺如图 1-5 所示。复合注塑法生产的双组分结构发泡板(表层不发泡，芯层发泡)具有木材的良好机加性，广泛用于替代木材领域。

复合注塑法利用了熔融树脂与模具壁的流动

阻力，当注射芯料时，芯料在压力下优先流动达到填充效果，从而制成“夹芯”结构板材。

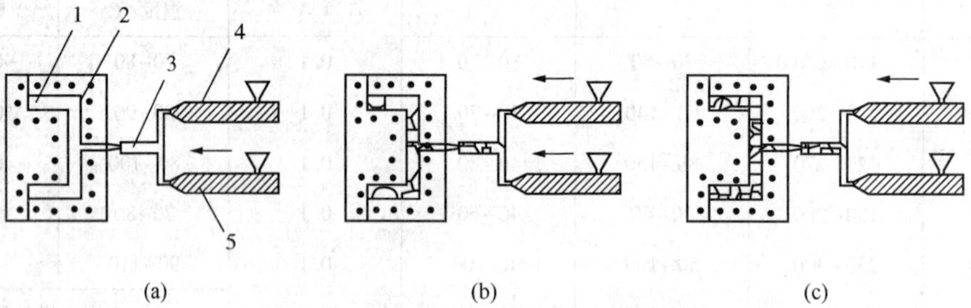

图1-5　双组分结构发泡板注塑过程

1—成型腔；2—模具；3—双通道喷嘴；4—料筒装有发泡料(芯层)；5—料筒装有不同发泡料(皮层)

(3) 注塑用树脂原料及要求

注塑用树脂常选择 MFR = 4 ~ 6g/10min 区间的树脂，而薄壁注塑的原料 MFR 可高达 50 ~ 60g/10min。为了保证注塑制品具有一定的机械强度，通常选用熔融指数稍低的原料；而对于强度要求不高，壁薄，长流程的制品，熔体指数就可以选择稍大一些。

1.3.3　挤出成型工艺

挤出成型是高分子材料加工领域中变化多、生产率高、适应性强、用途广泛、所占比重最大的成型加工方法。挤出成型是使高聚物熔体在挤出机的螺杆或柱塞的挤压作用下通过一定形状的口模而连续成型，所得制品具有恒定断面形状的连续型材。挤出成型几乎能用于所有的热塑性塑料，也可用于部分热固性塑料，常见的挤出制品有管材、板材、棒材、片材、薄膜、线缆包覆层及各种异型材等。目前约 50% 的热塑性塑料制品是挤出成型所得。常见聚合物挤出工艺参数如表 1-5 所示。

表 1-5　常见热塑性塑料的挤出成型工艺参数

塑料名称	挤出温度/℃				原料中水分上限值/%
	加料段	压缩段	均化段	机头及口模段	
丙烯酸类聚合物	室温	100 ~ 170	200	175 ~ 210	0.025
醋酸纤维素	室温	110 ~ 130	150	175 ~ 190	0.5
聚酰胺(PA)	室温 ~ 90	140 ~ 180	270	180 ~ 270	0.3
聚乙烯(PE)	室温	90 ~ 140	180	160 ~ 200	0.3
硬质聚氯乙烯(HPVC)	室温 ~ 60	120 ~ 170	180	170 ~ 190	0.2
软质聚氯乙烯及氯乙烯共聚物	室温	80 ~ 120	140	140 ~ 190	0.2
聚苯乙烯(PS)	室温 ~ 100	130 ~ 170	220	180 ~ 245	0.1

挤出工艺：各种挤出制品的生产工艺流程大体相同，一般包括原料的准备、预热、干燥、挤出成型、定型冷却、制品的牵引卷曲或切割、后处理等，如图 1-6 所示。此外还有特殊的挤出工艺，例如反应性挤出、线缆包覆挤出、橡胶挤出成型、挤出吹塑等。

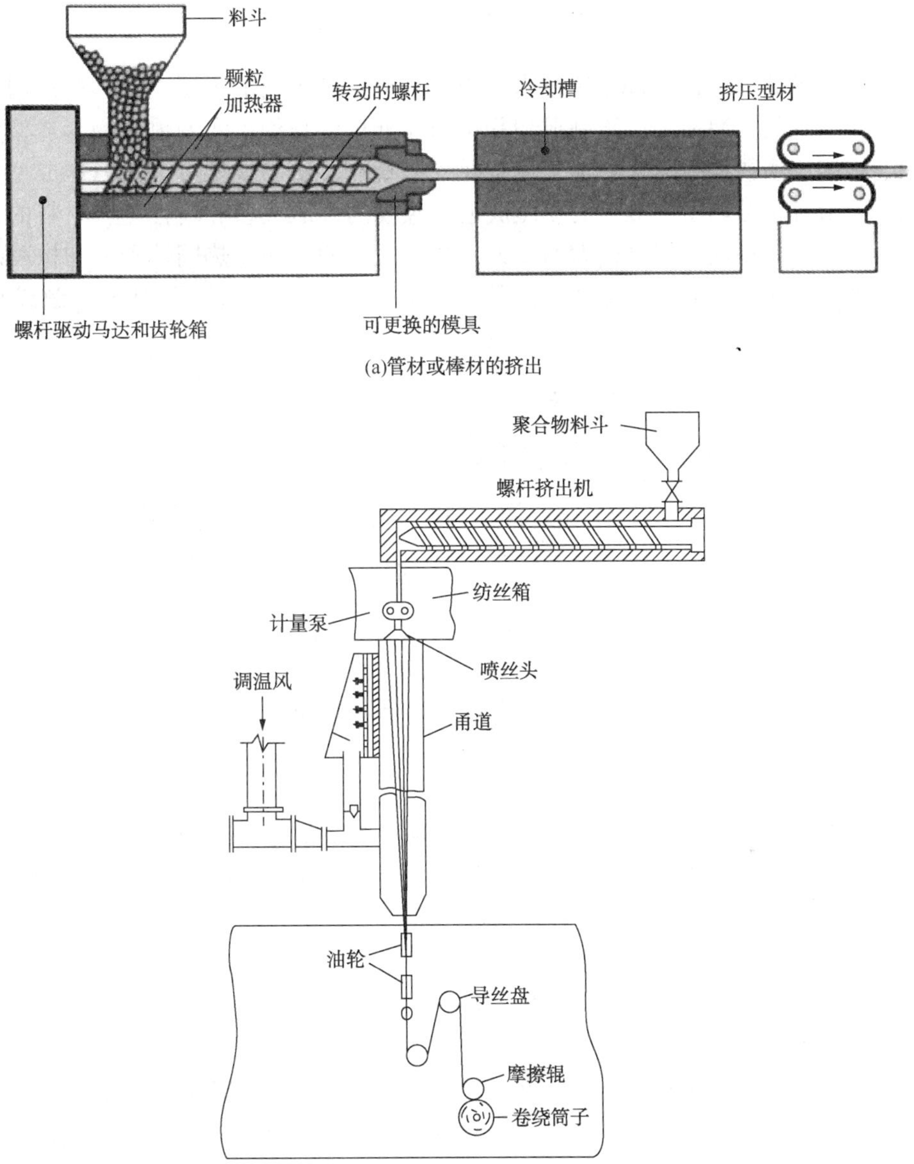

(a)管材或棒材的挤出

(b)熔体纺丝法工艺过程

图 1-6　各种制品的挤出工艺示意

影响挤出制品质量的因素：制品的质量包括外观及使用性能，在严格控制原料组成、水分等情况下，挤出过程中螺杆的设备参数(长径比、螺纹结构、转速等)、挤出各段的加工温度、口模尺寸、牵引速度及冷却速度等均会对制品的外观及使用性能产生显著影响。例如对于结晶性聚合物而言，冷却速度的快慢及牵引取向的程度或速度均会影响制品的晶区结构，进而影响制品的力学性能。因此，在挤出成型实验中，需要综合控制影响因素以获得合格的高分子制品。

1.3.4 压制成型工艺

压制成型是高分子材料成型加工技术中历史最久、最重要的方法之一，广泛用于热固性塑料和橡胶制品的成型加工。压制成型是指依靠外压的作用，实现成型物料造型的一次成型技术。根据成型物料的形状和加工设备及工艺特点，压制成型可分为模压成型和压层成型两大类，前者包括热固性塑料的模压成型、橡胶的模压成型和增强复合材料的模压成型。压制成型的主要特点是需要较大的压力，加压的目的是加速热固性塑料和橡胶成型时的物理化学变化，防止制品出现气泡，保证制品的质量。热固性塑料的压制成型工艺见图 1-7。

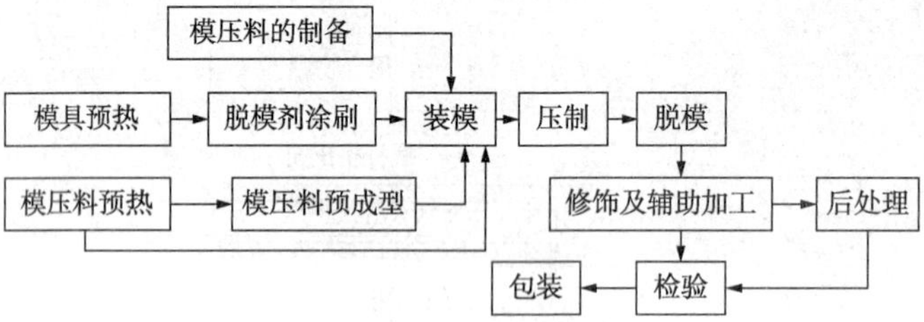

图 1-7　热固性塑料的压制成型工艺

热固性模塑料的成型工艺性能对成型工艺的控制及制品质量的提高有重要影响。模塑料的工艺性能有以下几点：

（1）流动性

流动性是指树脂在热和压力的作用下充满模具型腔的能力。树脂相对分子质量低、反应程度低、填料粒子细小且呈球状、低分子化合物含量或水含量高则流动性好；模具型腔表面光滑且呈流线型，树脂熔体的流动性更好；同等条件下，物料的预热及模具升温对熔体流动性的提高亦有帮助。形状复杂的制件要求树脂有较大的流动性，流动性太小易造成缺料，流动性过大则造成填料分布不均匀、型腔填塞不紧，制品质量下降。

（2）固化速率

固化速率是热固性塑料成型时特有的工艺参数，用以衡量热固性塑料成型时化学反应的速度。固化速率是以热固性塑料在一定温度和压力下，压制标准试样时，使制品的物理机械性能达到最佳值所需的时间与标准试样厚度的比值（s/mm），此值越大则固化速率越大。固化速率适中才能获得合格的塑料制品，过低时会造成生产效率低下，而过快则容易造成制品缺陷，如充模不满等。

（3）成型收缩率

热固性塑料在高温下模压成型后脱模冷却至室温，其各向尺寸将会发生收缩。收缩率大的制品易发生翘曲变形，甚至开裂。影响成型收缩率的因素主要有成型工艺条件、制品形状大小及塑料本身固有的性质。

1.3.5 二次成型工艺

二次成型是指在一定条件下将高分子材料一次成型所得的型材通过再次成型加工，

以获得制品的技术。它是在低于聚合物流动温度或熔融温度的半熔融类橡胶态下进行的，是通过黏弹形变来实现材料型材或坯件的再成型。二次成型仅适用于热塑性塑料，目前成熟的二次成型技术有中空吹塑成型(图 1-8)、薄膜双向拉伸、热成型及合成纤维的拉伸。

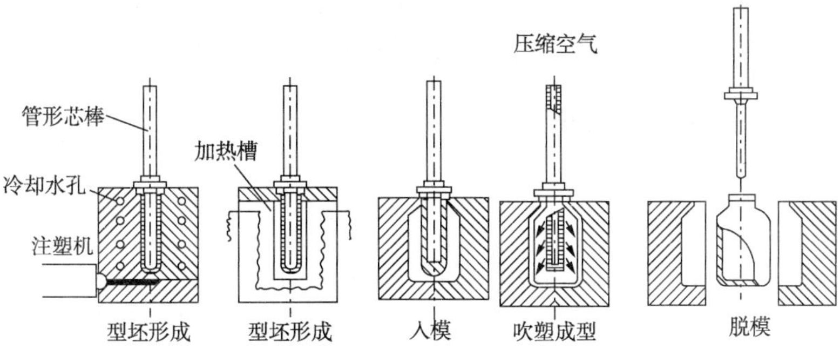

图 1-8　塑料容器的中空吹塑成型

1.3.6　橡胶加工成型工艺

与塑料不同，橡胶分子在室温下处于高弹态，可通过机械外力的作用使其发生变形，进行制品的成型。传统橡胶制品的成型工艺包括预混合和模压成型。前者是在机械力的作用下将橡胶生胶与配合剂进行混合混炼得到均一的共混物，然后通过热压的手段进行成型得到所需制品。预混合即混炼过程，是橡胶制品加工中的重要环节，通常采用开炼机、密炼机等对橡胶进行处理，借助剪切力的作用实现配合剂在橡胶基体中的良好分散。在热和压力的作用下，配合剂中的硫化剂可以促使橡胶分子链发生交联反应，形成不溶不熔的硫化胶制品。在配方一定的情况下，硫化橡胶制品的性能受加工中剪切速率、加工时间及温度的影响。除传统的开炼、密炼混合工艺外，对于黏度较低的橡胶可以采用螺杆挤出的连续化混合工艺，挤出的混炼胶可以通过热压或热风的方式实现硫化成型。在螺杆挤出混合的过程中，要控制好温度和时间，防止生胶混炼过程中的焦烧。

(1) 塑炼

橡胶受外力变形，当外力消除后仍能保持其形变的能力称为可塑性，是其能与配合剂均匀混合的必要前提。增加橡胶的可塑性的工艺称为塑炼。塑炼的实质是橡胶大分子在氧、热及机械力的作用下发生分子链断裂，降低大分子长度的过程。塑炼能使橡胶性质均匀，便于控制生产过程，但过度塑炼会降低硫化橡胶的强度、弹性及耐磨性能等。橡胶的可塑性一般采用门尼黏度表示。

(2) 混炼

混炼是通过机械剪切作用使橡胶生胶与各种配合剂均匀混合的过程。为了提高橡胶制品的使用性能，改进橡胶加工工艺和降低成本，必须在生胶中加入各种配合剂。混炼不良，胶料会出现配合剂分散不均匀，造成胶料可塑度降低或提高，易发生焦烧、喷霜等现象，进而影响制品的质量。除加工设备的影响外，橡胶的混炼效果与其自身相对分子质量的分布及填充配合剂的种类有密切关系。

(3) 硫化

硫化是指混炼胶中的生胶分子在硫化剂(硫黄、过氧化物等)作用下发生交联反应，形成三维网状硫化胶的过程，该硫化胶一般不溶不熔。表征硫化胶强度的物性参数有拉伸强度、撕裂强度、定伸应力、断裂伸长率及永久变形率等。硫化的过程一般分为预硫化或硫化诱导期、正硫化及过硫化阶段。不同的橡胶正硫化后形成的平坦硫化区时间长短不同，过硫的发生也会产生差异，一般而言天然橡胶容易过硫，合成橡胶的过硫现象相对较弱。

1.3.7 常见加工中的流变参数

(1) 熔融指数(参见 1.2.3)

(2) 剪切速率

剪切速率=流速差(dv)/所取两液面的高度差(dx)。由于高分子液体的黏性将层间的阻滞力传递，形成不同液层间的相对运动，各层速度不同产生相应的速度梯度(dv/dx)，称为剪切速率，单位：s^{-1}。

(3) 硫化时间

硫化是橡胶的物理化学变化的过程，其中以化学反应为主，且经历着一系列复杂的化学交联过程。硫化结果使未硫化胶变成硫化胶，导致橡胶由塑性物质变成弹性物质，具有良好的物理机械性能和化学性能，成为工业上有使用价值的材料。

硫化胶性能随硫化时间的长短有很大变化，一般规律是：抗张强度、抗撕裂强度首先随硫化时间增加而上升，当增至一定值后逐渐下降；伸长率、生热、变形随硫化时间增加而减少；硬度、弹性、定伸随硫化时间增加而增至某一定值。由此可见，硫化时间是表征橡胶硫化程度的标志，硫化时间的选取，决定了硫化胶性能的好坏。一般采用胶料的正硫化时间 t_{90} 表示其硫化时间。

(4) 门尼黏度

橡胶的本体黏度数值用门尼黏度计测得。测试方法是将胶料填充在黏度计的上下模间，合模，在一定温度下(一般为 100℃)预热一定时间(一般为 1min)，然后令下模转动一定时间(一般为 4min)时测试的转矩值(N · m)。该值越大，表明胶料黏度越大，常用 $ML_{(1+4)}$ 100℃表示。

(5) 门尼焦烧

表征橡胶焦烧时间，数值用转矩硫化仪测得。通常是在加工温度下胶料门尼值从最低点起上升 5 个门尼值的时间。数值越大，表明胶料越不容易发生焦烧，加工越安全，单位为 s。

1.4 实验风险安全告知、安全规范及应急处置

1.4.1 化学试剂的安全告知

高分子化学实验中所用到的大多数单体和溶剂危害性各有不同。如单体顺丁烯二酸酐、丙烯腈、丙烯酰胺、氟碳聚合物的热解产物等毒性可以查阅相关化学药品的 MSDS。

大部分有机溶剂是脂溶性的，对皮肤和黏膜有强烈的刺激作用。例如，常用的溶剂苯会积累在体内，对造血系统和中枢神经系统造成严重损害；甲醇会损害视神经；苯酚灼伤皮肤后可引起皮炎或皮肤坏死；苯胺及其衍生物吸入人体内或被皮肤吸收可引起慢性中毒而导致贫血。

毒物对人体危害的途径是多方面的，它可以通过呼吸道、消化道以及皮肤进入体内。因此，实验中转移易挥发性试剂最好在通风橱内进行，实验室内应保持良好的通风；禁止在实验室内进食，离开实验室时要洗手；转移大量有毒试剂时应戴防护眼镜和手套，万一有试剂溅到皮肤上，应立即清洗；使用的仪器及沾污的台面都应及时清洗干净。

对于易燃性试剂，如乙醚、丙酮、乙醇、苯及二硫化碳等均不能使用明火加热。用剩的试剂要及时加塞放回原处，这类易燃试剂在实验室内不宜存放过多。

作为引发剂使用的过氧化物，大多容易分解爆炸(烯类单体暴露在空气中或日光下也会有过氧化物产生)，处理和使用时要特别小心。引发剂应置于阴凉干燥处或低温储存，防止受热、受光照、受研磨。过氧化物需干燥时，应在较低温度下真空干燥。

作为离子型聚合催化剂使用的金属和有机金属化合物，遇水会猛烈分解，其残渣的处理需十分小心，不能随便乱丢。

总之，在实验室中使用试剂必须十分小心，实验前要了解所用试剂的性能和毒性，掌握使用的注意事项。

1.4.2　实验仪器的安全告知

高分子实验中需要用到各种高温仪器和机械设备，应按照安全规程操作，避免发生烧伤、烫伤以及机械伤害。因此实验前必须了解每台仪器的基本原理及安全操作规程，严格按照仪器上的操作规程进行实验，避免安全事故的发生。

1.4.3　实验操作安全规范

在进行高分子化学、高分子物理、高分子成型加工、高分子综合及设计实验时，会使用到易燃易爆溶剂以及部分有毒试剂，也会使用一些具有机械伤害性的仪器设备，因此在实验操作时，为了防止事故发生，应该严格遵守以下安全规范：

(1) 学习和掌握实验室基本伤害救护常识，经常进行安全培训，以预防为主，确保师生的财产及生命安全。

(2) 实验前熟悉每项具体操作中的安全注意事项，对可能发生的事故保持高度的警惕性，严格遵守安全操作规程，杜绝安全事故的发生。

(3) 严禁在实验室内饮食或把食物带入实验室，实验完毕用肥皂(洗衣粉)等清洁用品把手洗干净。

(4) 使用带电仪器设备时应谨防触电，安全用电，使用传动转动设备时务必注意机械安全。

(5) 使用有毒有害试剂时应在通风橱内进行，长时间使用腐蚀性物质时应该佩戴相应的防护用具。

(6) 实验室应有“三废”处置措施，实验后不得随意丢弃或排放实验过程中产生的“三废”。

(7) 任何化学试剂不得入口，不得带离实验室，用完的试剂应进行分类处置。

(8) 实验过程中应时刻记录实验数据及实验现象，不得进行与实验无关的活动。

(9) 禁止私自使用各种移动存储设备在微机上进行拷贝操作。

(10) 实验后务必在使用登记本上进行登记和确认，并进行实验台面清理，清洗使用过后的玻璃仪器，擦拭干净用过的设备设施，并由值日生打理干净实验后经实验指导老师检查后方可离开。

(11) 离开实验室前，检查水电、门窗是否关闭。

1.4.4 应急处置

(1) 化学品中毒应急处置

化学药品中毒，要根据化学药品的毒性特点及中毒程度采取不同的措施，并及时送医院治疗。实验室有相关化学药品的化学品安全说明书(MSDS)，可以根据各化学试剂 MSDS 上的应急办法进行相应处置。

(2) 化学品灼伤应急处置

眼睛灼伤或掉进异物，一旦眼内溅入任何化学药品，立即用大量水缓缓彻底冲洗。实验室内应备有专用洗眼水龙头。洗眼时要保持眼皮张开，可由他人帮助翻开眼睑，持续冲洗 15min。忌用在清水冲洗前使用稀酸中和溅入眼内的碱性物质，反之亦然。对因溅入碱金属、溴、磷、浓酸、浓碱或其他刺激性物质的眼睛灼伤者，急救后必须迅速送往医院检查治疗。

(3) 起火与爆炸的应急处置

发生火情时，现场人员须立即采取处理措施，防止火势蔓延并迅速报告。使用易燃易爆的化学试剂时务必远离火源，一旦发生火灾事故，应首先切断电源并迅速将易燃物品移除，有机物着火时应向火源处洒沙子或者用石棉布进行隔氧覆盖。

(4) 烫伤的应急处置

烫伤时，若伤势较轻，涂上苦味酸或者烫伤软膏即可；若伤势较重，不能涂烫伤膏等油脂类药物，可撒上纯净的碳酸氢钠粉末，并立即送医院治疗。

(5) 玻璃割伤的应急处置

高分子化学实验室最常见的外伤就是由玻璃仪器或玻璃管的破碎引起的，作为紧急处理，首先应止血，以防止大量流血休克。由玻璃破碎造成的外伤，首先必须检查伤口有无玻璃碎片，如果有玻璃碎片，需要用镊子将碎片取出并用消毒棉花或双氧水洗净伤口，若伤口太深流血不止，则在伤口上方约 10cm 处用纱布扎紧，压迫止血并及时送医治疗。

(6) 触电应急处置

若遇人身触电事故，首先应使触电者脱离电源。采取的方法有：①拉下电闸；②用干燥的木棍将电线拨开；③戴上橡胶皮手套，穿上绝缘鞋将触电者从电源处拉开。

触电者脱离电源后，轻伤者会在短时间内自动恢复。严重者要解开衣领进行人工呼吸，或给予氧气。触电者恢复后，要对电灼伤处进行急救，如果伤势严重应立即送医治疗。

1.4.5　常见的安全警示标识

爆炸品

不产生重大危害的爆炸品

不燃气体

放射性物品

放射性物品(第Ⅲ级)

放射性物品(第Ⅱ级)

放射性物品(第Ⅰ级)

腐蚀性物品

感染性物品

具有大规模爆炸性,但极不敏感的物品

氧化剂和有机过氧化物

易燃固体(第四类)

易燃固体

易燃气体

易燃气体(第2类)或者易燃液体(第3类)

易自燃物品

有毒物品(第2类和第6.1类)

遇水释放出易燃气体的物品

注意安全

禁止转动

禁止用水灭火

禁止饮用

禁止烟火

禁止吸烟

禁止通行

禁止停留

禁止跳下

禁止入内

禁止启动

禁止攀登

禁止跨越

禁止靠近

禁止合闸

禁止放易燃物

禁止堆放

禁止戴手套

禁止带火种

禁止穿化纤服装

禁止穿带钉鞋

禁止触摸

禁止乘人

当心坠落

当心中毒

当心扎脚

当心烫伤

当心伤手

当心落物

当心机械伤人

当心火灾

当心感染

当心腐蚀

当心吊物

当心电离辐射

当心触电

当心爆炸

必须加锁

必须戴防护眼镜

必须戴防护帽

必须戴防毒面具

必须戴防尘口罩

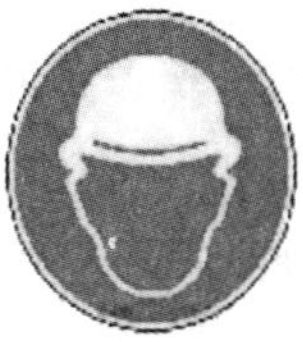
必须戴安全帽

必须戴防护手套

必须穿防护鞋

必须穿防护服

第 2 章　高分子化学实验

《高分子化学实验》是高分子材料与工程专业的重要实践教学课程，同时也是《高分子化学(含课程实验)》课程的实验部分。学生通过高分子化学实验，可以验证所学的专业知识，增强感性认识，课堂所学的基本理论获得巩固和加深，能够对实验现象进行敏锐的观察，对实验结果进行合理的解析。

本部分实验课程的主要课程目标如下：

1. 学生能根据不同的聚合物制备实验方案构建相关实验系统，根据不同的聚合原理以及动力学的特点安全地实施实验，并采集、整理实验数据。

2. 学生能够对聚合物的产率、聚合度、聚合速率等参数进行分析和解释，并通过影响因素分析得到实验结论，撰写实验报告。

本部分实验要求如下：

1. 实验前要预习。对实验目的、实验原理、实验方法、操作步骤以及有关仪器设备的性能、使用方法和注意事项等认真理解，记清要领，列出预习提纲。

2. 实验中要按照实验要求认真操作。严格控制实验条件，仔细观察实验现象，积极思索发现的问题，分析问题。

3. 详细准确记录测定的原始数据。

4. 严格遵守实验室规章制度，注意安全。对于精密仪器设备，必须了解并掌握其使用方法，一定要按操作规程操作。

5. 实验结束后，应将原始记录数据交由指导教师审阅，并将仪器设备恢复原状；周围环境整理干净整齐，经教师签字同意后方可离开实验室。

6. 实验完毕，认真计算和处理实验数据，写出实验报告，包括实验目的、要求、实验原理和操作方法、数据处理以及必要的图表、实验讨论与结果。其中实验讨论应包括实验现象的分析、解释、数据结果的处理和分析等。实验报告应及时交给指导教师批阅。

实验 2.1　酚醛树脂的合成

一、实验目的

1. 了解缩聚反应的特点及反应条件对产物性能的影响。
2. 能够正确搭建酚醛树脂的聚合装置，安全开展实验。
3. 会测定酚醛树脂的甲醛含量。
4. 能够根据实验记录数据，进行相关曲线绘制。
5. 能对实验过程和实验结果进行合理的分析和解释。

二、实验原理

酚醛树脂是最早实现工业化的树脂，它具有很多优点，如抗湿、抗电、耐腐蚀，模制器件有固定形状、不开裂等，是现代化工业中应用广泛的塑料之一。酚醛树脂采用苯酚和甲醛作为反应单体，因为原料为多官能团单体，因此根据二者所使用的比例、催化剂不同，可聚合得到热塑性酚醛树脂、热固性酚醛树脂。本实验是在酸性催化剂存在下，甲醛与过量苯酚缩聚而得到热塑性酚醛树脂，其反应如下：

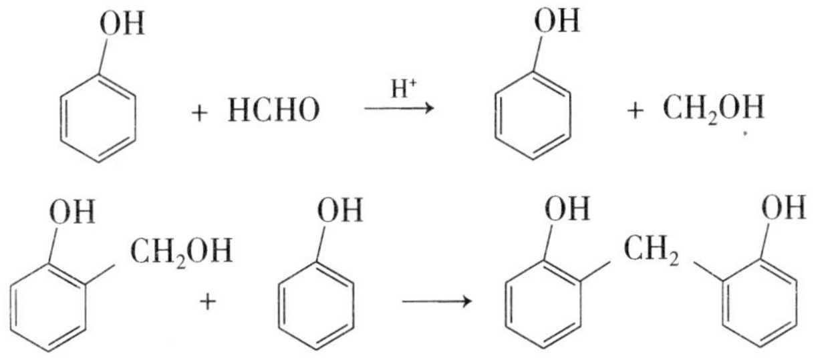

继续反应生成线形大分子：

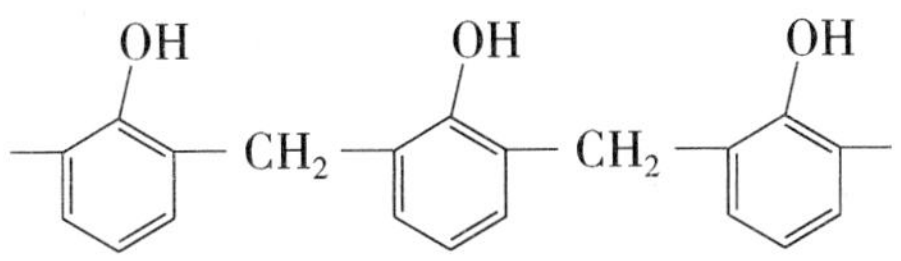

线性酚醛树脂相对分子质量 1000 以下，聚合度约 4~10。

最后利用下面反应原理可测定混合物中甲醛含量。

$$HCHO + Na_2SO_3 + H_2O \longrightarrow H-\underset{\displaystyle SO_3Na}{\overset{\displaystyle H}{\underset{|}{\overset{|}{C}}}}-OH + NaOH$$

三、主要试剂和仪器

1. 主要试剂

名　称	试　剂	规　格	用　量
单　体	苯　酚	分析纯	50g
单　体	甲　醛	分析纯	41g
催化剂	盐酸/碱	分析纯	1mL

2. 主要仪器

名称	仪器或耗材	规格及用量
实验装置	四口烧瓶	250mL
	电动搅拌器	1套
	冷凝管	1根
	温度计	0~100℃
	电加热套	1个
其他耗材	蒸发皿	1个
	吸管	若干
	移液管	20mL
	锥形瓶	250mL

四、实验步骤

1. 酚醛树脂的合成

将50g苯酚及41g甲醛在250mL四口瓶中混合，然后固定在铁架上，装好回流冷凝器及搅拌器、温度计，在加热套中缓缓加热，使温度保持在(60±2)℃。加1.0mL盐酸，反应即开始。每隔30min用滴管取2~3g样品，放入预先称量好的250mL锥形瓶中，分别进行分析。

反应经3h后，将反应瓶中的全部物料倒入蒸发皿中，冷却后倒去上层水，下层缩合物用水洗涤数次，至呈中性为止。然后用小火加热，由于有水存在，树脂在开始加热时起泡沫，当水蒸发完后，移去电热套(防止生焦)，将合成的酚醛树脂倒在铁皮上冷却，称重。

2. 甲醛含量测定

取3g(准确称量)苯酚与甲醛的混合物放在250mL锥形瓶中，加入25mL蒸馏水，3滴酚酞，用NaOH标准溶液滴定至呈红色。再加50mL 1N的Na_2SO_3溶液，为了使Na_2SO_3与甲醛反应完全，混合物应在室温下放置2h，然后用0.5N的HCl溶液滴定至褪色为止。

3. 数据处理及分析

(1) 苯酚存在下甲醛含量测定

甲醛百分含量按下式计算：

$$x\% = \frac{30VN}{1000m} \times 100\% \tag{2-1}$$

式中　$x\%$——甲醛百分含量；

V——滴定消耗的盐酸，mL；

N——盐酸的摩尔浓度，mol/L；

m——样品质量，g；

30——甲醛的摩尔质量，g/mol。

（2）据结果计算不同时间甲醛的转化率，以时间对甲醛浓度作图。

（3）计算苯酚、甲醛加料量之摩尔比。

（4）讨论实验结果及意义。

（5）评价实验产品的优劣。

五、思考题

1. 在本实验中，如果将酸性催化剂换为碱性催化剂，请问得到的聚合物有什么不同？从反应机理上进行详细解释。

2. 反应结束后聚合物用水洗涤的目的是什么？

3. 本次实验的影响因素有哪些？

4. 环氧树脂能否作为线形酚醛树脂的交联剂，为什么？

实验 2.2 甲基丙烯酸甲酯的本体聚合——有机玻璃的制备

一、实验目的

1. 了解本体聚合基本原理和特点。
2. 正确搭建有机玻璃制备的实验装置，安全开展实验。
3. 能够正确地记录实验数据和实验现象，解析实验数据。

二、实验原理

1. 聚合原理

聚甲基丙烯酸甲酯(MMA)，又称有机玻璃，市场俗称亚克力树脂，是一种开发较早的重要可塑性高分子材料，具有较好的透明性、化学稳定性和耐候性，易染色、易加工、外观优美，在建筑业中有着广泛的应用。常见的有机玻璃合成采用甲基丙烯酸甲酯作为反应单体，采用分段聚合的方法制备得到，多采用典型的本体聚合实施方法。

甲基丙烯酸甲酯的聚合反应式：

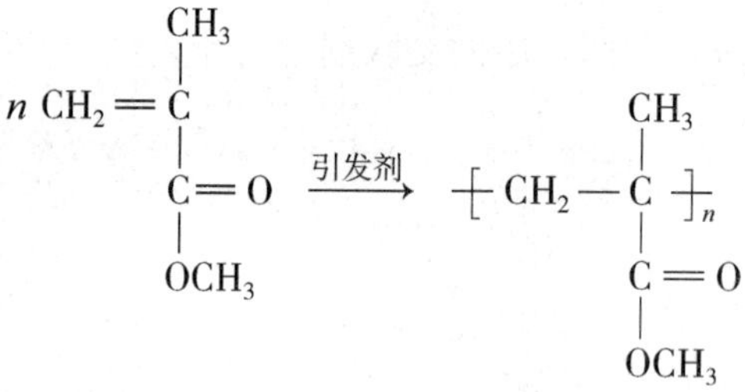

连锁聚合机理中的本体聚合又称块状聚合，它是在没有任何介质情况下，单体本身在微量引发剂的作用下聚合，或者直接用热、光照辐射引发聚合。此法的优点是：生产过程比较简单，高聚物无需后处理，可直接聚合成型，所需辅助物料少，产品比较纯净。缺点是：聚合反应是连锁反应，反应速度较快，反应出现自动加速现象(或称为凝胶化现象)，反应热比较集中；反应体系黏稠，传热效率低，聚合热不易排出，容易造成局部过热，使产品变黄、出现气泡，而影响聚合物的性能；更严重的是引起单体沸腾暴聚，使聚合反应失败。因此，在聚合过程中，严格控制各个阶段的反应温度，及时排出聚合热相当重要。

MMA 的本体聚合反应属于连锁机理，经链引发、链增长、链终止和链转移四个过程。随着反应的进行，聚合体系的黏度逐步增加，大分子活性链移动较困难，但单体分子的扩散影响不大，链终止因黏度大而受到抑制，导致在聚合体系内的活性链总浓度不断增加，结果必然使聚合反应速度加快。又因链终止速度减慢，活性链寿命延长，所以产物的相对分子质量也增加，单体和大分子活性链的移动很困难，此时反应速度减慢，产物的相对分子质量也变低，由于这些原因，聚合物的相对分子质量分布是不均匀的。

2. 硬度测定

有机玻璃产品类型通常可以分为浇注板、挤出板和模塑料，硬度是最能体现浇注亚克力板生产工艺和技术的参数之一，能反映出原料纯度、板材耐候性以及耐高温性能等。硬度还影响到板材是否会收缩弯曲变形，加工时表面是否会出现皲裂等情况，是品质控制中的重要一环。

有机玻璃硬度测定主要包括洛氏硬度和铅笔硬度。所有铅笔硬度仪的测试方法原理相同，均采用 45°角，施加一定力量推动铅笔在涂层划出一条直线。涂层的硬度由一系列的铅笔型号来判定，由软至硬依次测试，至涂层被破坏前，上一型号的硬度即为所测样品的硬度。铅笔硬度从低至高为：6B、5B、4B、3B、2B、B、HB、F、H、2H、3H、4H、5H、6H、7H、8H、9H

注意：笔座在推的过程中速度应均匀(依据不同需求要求至少约 10mm，并测试 3 处不同的部位，每次测试时均应转动铅笔，笔头须保证锋利)。

三、主要试剂和仪器

1. 主要试剂

名　称	试　剂	规　格	用　量
单　体	甲基丙烯酸甲酯(MMA)	分析纯	40g/43mL
引发剂	过氧化二苯甲酰(BPO)	分析纯	0. 1g
增塑剂	邻苯二甲酸二丁酯	分析纯	2. 4g
脱模剂	硬脂酸	分析纯	0. 48g

2. 主要仪器

仪器或耗材	规格及用量	仪器或耗材	规格及用量
三口烧瓶	250mL	试管	1 个
恒温水浴锅	1 套	试管夹	1 个

四、实验步骤

1. 制浆(预聚)

在洁净、干燥的三角瓶中加入 BPO、邻苯二甲酸二丁酯、硬脂酸和 MMA，摇晃均匀，将其分装于干燥试管中。分装好的试管置于已预热到 70℃ 水浴中，逐步升温到 90℃，维持 25min 左右，仔细观察聚合情况，当试管倾斜观察到溶液黏度大于甘油黏度时，将试管速冷至 40℃ 停止聚合反应。

2. 成型(有机玻璃棒材的制备)

将上述制得的预制物连同试管放入 50℃ 的烘箱中保持 2h，然后升温至 70℃ 保持 2h，最后升温至 95℃ 保持 2h。取出试管，冷却后将试管砸碎，得到透明光滑的有机玻璃棒。

3. 产品硬度评判

本实验采用铅笔测试有机玻璃的硬度，主要使用中华牌高级绘图铅笔，在试样表面进行划刻，观察有无刮痕，建议试样最少做三个位置以上，取平均值，判别试样硬度。例如：

使用 H 铅笔，试样表面无刮痕，使用 2H 铅笔，表面也无刮痕，使用 3H 铅笔表面有刮痕，所以试样表面硬度级数为：2H。铅笔标号为 6H、5H、4H、3H、2H、H、F、HB、B、2B、3B、4B、5B、6B，其中 6H 最硬，6B 最软，由 6H 到 6B 硬度依次递减。

五、思考题

1. 本体聚合与其他聚合方法比较有何特点?

2. 采用预制浆的目的是什么?

3. 本体聚合与其他聚合为何要在低温下聚合然后升温，如何避免有机玻璃中产生气泡?

4. MMA 单体相对密度为 0.94，聚合物相对密度为 1.19，计算完全聚合后体积的收缩率。若要制得厚 5mm、长 20mm、宽 15mm 的有机玻璃平板，所需的单体量为多少克?

实验 2.3　膨胀计法测定苯乙烯本体聚合反应速率

一、实验目的

1. 掌握膨胀计的使用方法和原理。
2. 会通过膨胀计法测定苯乙烯本体聚合反应速率
3. 能验证聚合反应速率与引发剂浓度之间的动力学关系式

二、实验原理

聚合反应速率可以通过测定体系任何随反应浓度相应变化的性质来求得，如体积、质量、折光率、吸收光谱、黏度等。

本实验采用膨胀计法测定苯乙烯本体聚合的反应速率。其测定原理是利用单体和聚合物的密度不同，聚合物密度大于单体密度，因此在聚合反应过程中，反应体系的体积不断收缩，这是由于单体形成大分子后分子间距离减小的结果。

均相聚合时，体积的减少和转化率的增加呈线性关系，由此可通过测定单体聚合时体积的变化来测定单体转化率，绘出聚合时间−转化率曲线，取其直线部分就可求得聚合反应速率。

膨胀计由一根毛细管与存储器相连，当加好样的膨胀计放入恒温水浴中，由于单体的热膨胀，可以观察到毛细管中的液面上升，从液面上升至最高点到开始下降的这段时间称为诱导期，液面下降即开始聚合反应。

由自由基加聚反应的机理及动力学推导可得增长速率，如下式：

$$R_p = -\frac{d[M]}{dt} = K[I]^{\frac{1}{2}}[M] \tag{2-2}$$

如果转化率低，可假定引发剂浓度[I]保持恒定，则可得下式：

$$R_p = -\frac{d[M]}{dt} = K[M] \tag{2-3}$$

积分后演变为：

$$\ln\frac{[M]_0}{[M]} = Kt \tag{2-4}$$

式中　$[M]_0$——起始单体浓度；

$[M]$——时间 t 时单体浓度；

K——常数。

若用 P 代表转化率，ΔV 为聚合反应在某时间 t 时反应物的体积变化从膨胀计读出，V 为 100%聚合时的体积变化，则：$P=\Delta V/V\times100\%$

反应至 t 时，体系中的单体浓度为：$[M]=[M]_0-\Delta V/V[M]_0=[M]_0(1-\Delta V/V)$，即

$$\ln\frac{[M]_0}{[M]} = \ln\frac{1}{1-\Delta V/V} \tag{2-5}$$

由式(2-4)得：

$$\ln \frac{1}{1-\Delta V/V}=Kt$$

V 对固定量单位来说是恒值，因此用膨胀计法测定不同时间反应物的体积变化值 ΔV，就可算出 $\ln \frac{1}{1-\Delta V/V}$，对 t 作图应得直线，从而验证聚合速率与单体浓度间的动力学关系式，同时可按下式计算平均聚合速率：

$$R_p=-\frac{\Delta[\mathrm{M}]}{\Delta t}=\frac{[\mathrm{M}]_0-[\mathrm{M}]}{\Delta t}=\Delta V/V_t[\mathrm{M}]_0 \quad (2-6)$$

三、试剂和仪器

1. 主要试剂

名　称	试　剂	规　格	用　量
单　体	苯乙烯	去阻聚剂后重蒸	10g
引发剂	偶氮二异丁腈(AIBN)	重结晶	50mg

2. 主要仪器

名　称	仪器或耗材	规格及用量
实验装置	膨胀计	1 个
	恒温水浴锅	1 套
	锥形瓶	100mL
	量筒	100mL

四、实验步骤

1. 安装恒温水浴锅，调节水浴温度为 70℃。

2. 称取 50mg 的 AIBN 放入锥形瓶中，再称取 10g 苯乙烯于锥形瓶中，轻轻摇荡，使引发剂全部溶解。

3. 将上述溶液由加料口加入膨胀计中，调节毛细管中的液面高度达最低刻度，同时确保膨胀计内无气泡。

4. 将膨胀计放入恒温水浴中，用铁夹固定好。开始时由于受热膨胀，液面不断上升，当液面稳定不动时，达到了热平衡，记下此时液面的高度 h_0，当液面开始下降时表示聚合反应开始，记下时间 t_0，以每 5min 左右记录一次液面高度，约 1h 停止读数。

5. 取出膨胀计，将其中的溶液倒入废液瓶中，用甲苯仔细清洗干净后放入烘箱中干燥。

6. 根据实验数据作出 V-t 图，根据直线斜率计算聚合反应速率。

70℃时苯乙烯的密度为 0.860g/cm^3，聚苯乙烯的密度为 1.0469g/cm^3。

五、注意事项

1. 膨胀计的磨口接头处若沾有聚合物，会引起溶液泄漏，此时可用滤纸浸渍将其擦去。

2. 实验中如发现膨胀计内有气泡，应重新安装。

六、思考题

1. 膨胀计能否用于研究缩聚反应速率？

2. 画出苯乙烯本体聚合反应转化率(P)-聚合时间(t)曲线，计算苯乙烯本体聚合的聚合反应速率。求此聚合反应的总聚合速率常数。

3. 本实验测定聚合反应速率的原理是什么？

4. 为什么玻璃膨胀计只适用于低转化率下聚合反应速率的测定？

实验 2.4　丙烯腈的非均相溶液聚合

一、实验目的

1. 了解和掌握丙烯腈自由基聚合的原理及方法。
2. 能正确搭建溶液聚合的反应装置，安全地实施实验。
3. 能够对聚合实验的产率、聚合度等进行计算、分析和解释。

二、实验原理

丙烯腈聚合反应属于连锁聚合反应，连锁聚合反应一般由三个基元反应组成。

1. 链的引发

(1) 引发剂分解成初级自由基(R·)。

(2) 自由基引发单体变成单体自由基：

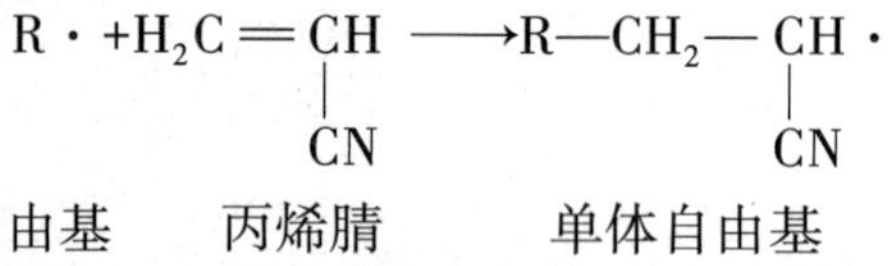

2. 链的增长

单体自由基和单体不断加成形成高分子活性链。

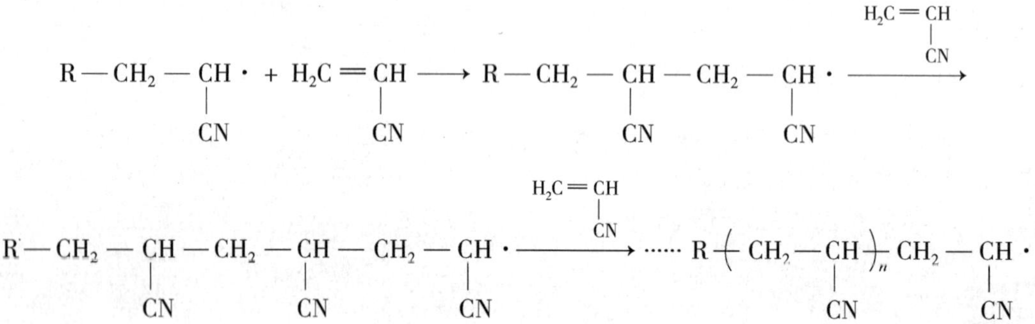

3. 链的终止

最终高分子活性链发生双基终止(偶合或歧化终止)，活性消失，形成高分子化合物。

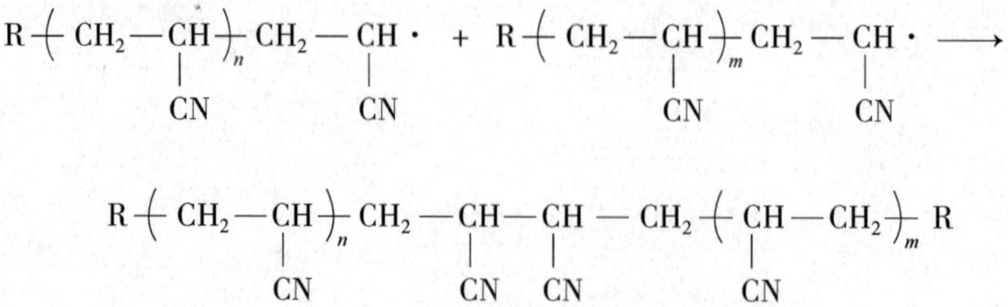

或者：

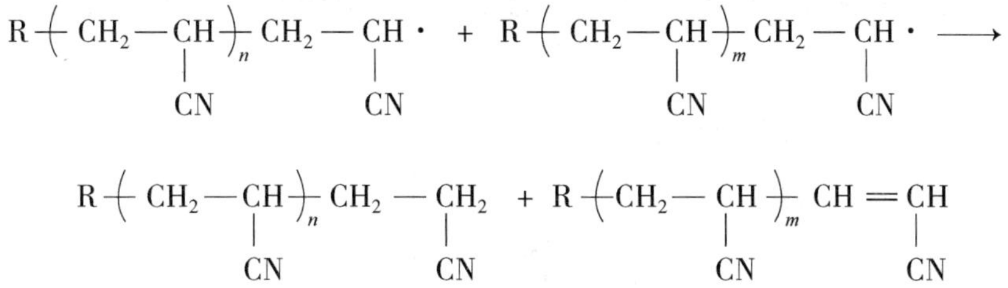

丙烯腈聚合总反应式如下：

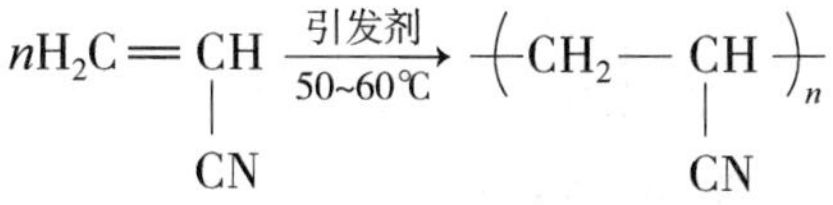

丙烯腈　　　　聚丙烯腈

三、主要试剂和仪器

1. 主要试剂

名　称	试　剂	规　格	用　量
单　体	丙烯腈	分析纯	12. 5mL
催化剂	浓硫酸	98%	15～25 滴
引发剂	过硫酸钾溶液	2%	25mL
引发剂	硫代硫酸钠溶液	10%	5mL
溶　剂	去离子水	—	125mL

2. 主要仪器

名　称	仪器或耗材	规格及用量
实验装置	三口烧瓶	250mL/1 个
	电动搅拌器	1 套
	冷凝管	1 根
	温度计	0～100℃/1 根
	恒温水浴锅	1 套

四、实验步骤

丙烯腈聚合实验装置见图 2-1，在三口烧瓶里装入蒸馏水 125mL，丙烯腈 12. 5mL，搅拌观察其互溶情况。然后依次在烧瓶中加入浓硫酸 15～25 滴、2%过硫酸钾（$K_2S_2O_8$）溶液 25mL 和 10%硫代硫酸钠（$Na_2S_2O_3$）溶液 5mL 并搅拌，溶液很快出现乳白色，表示反应已经开始。反应温度将逐渐上升，约到 40℃时进行水浴加热，使反应温度维持在 60℃左右，约 0. 5h 达到反应终点，停止反应，抽滤，洗涤，得到聚丙烯腈粉膏状物质。将聚合物产品放置表面皿中烘干、称重，计算产率。

纯净的聚丙烯腈为白色粉末状物质，不溶于水，相对密度为1.14~1.15，220~230℃时软化并分解。

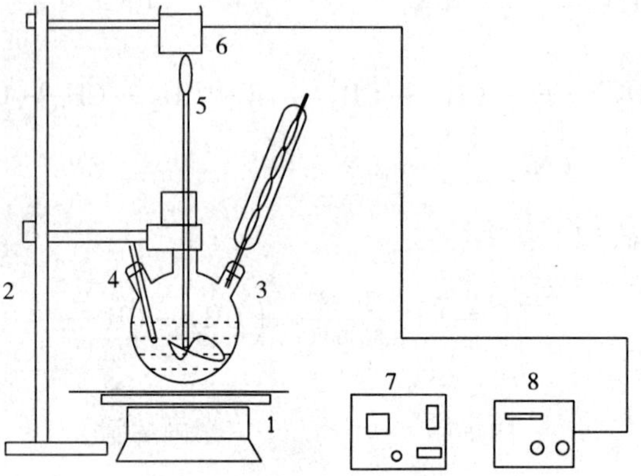

图2-1　丙烯腈聚合实验装置

1—电炉；2—铁架台；3—三口烧瓶；4—温度计；
5—冷凝管；6—搅拌器；7—控温仪；8—调速器

五、思考题

1. 游离基(自由基)型连锁聚合反应的历程和实质如何？其内因和外因是什么？试以丙烯腈聚合反应加以说明。

2. 本聚合反应的关键控制点有哪些？请详细解释。

3. 本实验中选用了过硫酸钾和硫代硫酸钠作为引发剂，为什么需要选择两种引发剂？请进行合理解释。

4. 请用非均相溶液聚合的优缺点分析本实验的优缺点。

实验 2.5　苯乙烯的悬浮聚合

一、实验目的

1. 了解苯乙烯悬浮聚合的基本原理。
2. 掌握悬浮聚合的实施方法，了解配方中各组分的作用。
3. 了解分散剂、升温速度、搅拌速度对悬浮聚合的影响。
4. 能根据产物质量计算反应产率。

二、实验原理

苯乙烯在水和分散剂作用下分散成液滴状，在油溶性引发剂过氧化二苯甲酰引发下进行自由基聚合，其反应历程见图 2-2。

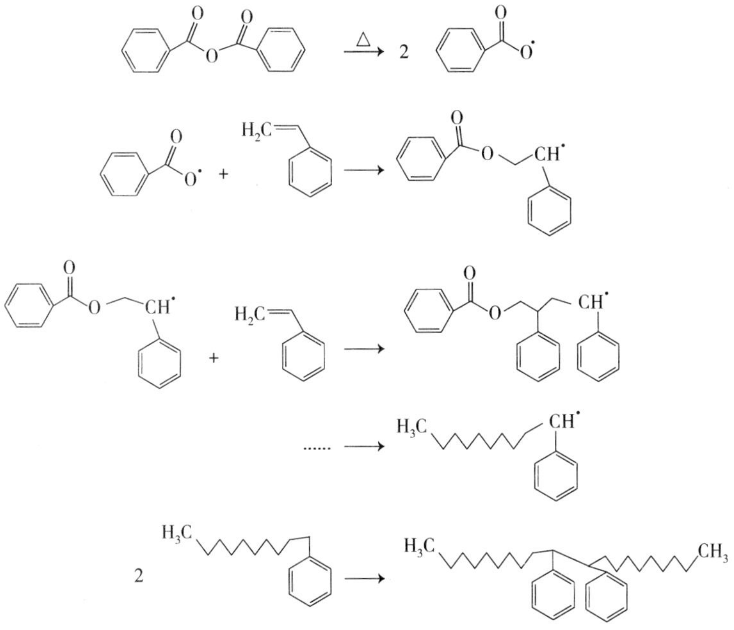

图 2-2　苯乙烯自由基聚合反应历程

悬浮聚合是烯类单体制备高聚物的重要方法。由于用水做分散介质，聚合热可以迅速排除，因而反应温度容易控制，生产工艺简单，制成的成品呈均匀的颗粒状，故又称珠状聚合，产品不经造粒可直接加工成型。

苯乙烯是一种比较活泼的单体，容易进行聚合反应。苯乙烯在水中的溶解度很小，将其倒入水中后体系分成两层，进行搅拌时在剪切作用下单体层分散成液滴，界面张力使液滴保持球形，而且界面张力越大形成的液滴越大，因此在作用方向相反的搅拌剪切力和界面张力作用下液滴达到一定的大小和分布。但是这种液滴在热力学上是不稳定的，当搅拌停止后液滴将凝聚变大，最后与水分离；并且聚合到一定程度以后的液滴中溶有的发黏聚合物亦可使液滴相黏结。因此，悬浮聚合体系还需加入分散剂。悬浮聚合实质上是借助于较强烈的搅拌和悬浮的作用，将单体分散在与单体不互溶的介质(通常为水)中，单体以小液滴的形式进行本体聚合。在每一个小液滴内，单体的聚合过程与本体聚合相似，遵循自由基聚合一般机理，具有与本体聚合相同的动力学过程。由于单体面积大，避免了本体聚合的散热问题。悬浮聚合采用了分散剂，最后的产物经分离纯化后可得到纯度较高的颗粒状聚合物。

三、主要试剂与仪器

1. 主要试剂

名　称	试　剂	规　格	用　量
单　体	苯乙烯	分析纯	16.5mL
油溶性引发剂	过氧化二苯甲酰	C.P.，重结晶精制	0.3g
分散剂	聚乙烯醇	1799(配成1.5%水溶液)	20mL
溶　剂	水	蒸馏水或超纯水	130mL

2. 主要仪器

名　称	仪器或耗材	规格及用量
实验装置	三口烧瓶	250mL/1个
	电动搅拌器	1套
	冷凝管	1根
	煤油温度计	0~100℃/1根
	电加热套	1个
其他耗材	表面皿	10~15cm/1个
	吸　管	1个
	移液管	20mL/1个
	布氏漏斗	1个
	锥形瓶	250mL/1个
	量　筒	100mL/1个

四、实验步骤

1. 搭建实验装置

按图2-3安装好实验装置，为保证搅拌速度均匀，整套装置安装要规范。搅拌器安装后转动轻松自如。

2. 加料

用电子天平准确称取0.3g过氧化二苯甲酰、移液管按取16.5mL苯乙烯后一起放入100mL锥形瓶中振荡，待过氧化二苯甲酰完全溶解形成均相反应液后移入三口烧瓶，再加入20mL聚乙烯醇1.5%的水溶液，最后用130mL去离子水分别冲洗锥形瓶和量筒后加入三口烧瓶中。

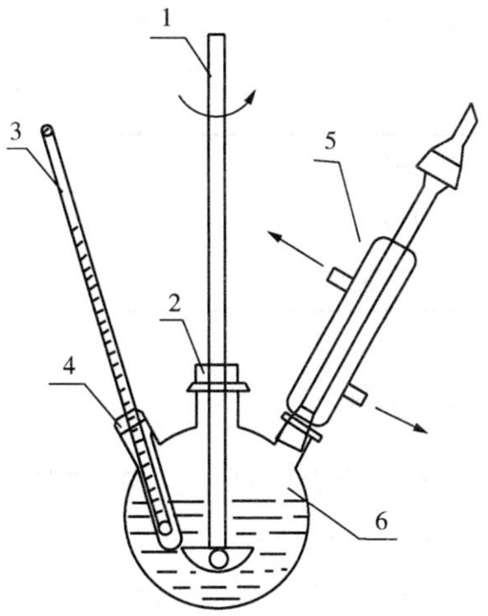

图2-3　苯乙烯悬浮聚合装置图

1—搅拌器；2—聚四氟乙烯密封塞；3—温度计；4—温度计套管；5—冷凝管；6——三口烧瓶

3. 聚合

通冷凝水，启动搅拌并控制转速恒定，在20~30min内将反应温度升到85~90℃，开始聚合反应。在反应1个多小时以后，体系中分散的颗粒变得发黏，此时一定要注意控制好搅拌速度。在反应后期可将温度升到反应温度上限，以加快反应，提高转化率。当反应1.5~2h后，可用吸管取少量颗粒于表面皿中进行观察，如颗粒变硬发脆，可结束反应。

4. 出料及后处理

停止加热，撤出热源，一边搅拌一边用冷水将三口烧瓶冷却到室温，然后停止搅拌，取下三口烧瓶。产品用布氏漏斗过滤，并用热水洗涤数次。最后产品在50℃鼓风干燥箱中烘干，称量，计算产率。

5. 数据处理

(1) 每隔15min记录一次聚合温度，其中升温、取样、颗粒变硬的时间和温度也要进行记录。

加热和搅拌电压________；搅拌速度________

时　间	聚合温度	实验现象及操作

（2）根据所得产物质量计算反应产率，并记录产品粒径。

数据记录及计算

产品质量/g	
产品粒径/mm	
产　率/%	

五、思考题

1. 结合悬浮聚合的理论，说明配方中各组分的作用。如将此配方改为苯乙烯的本体或乳液聚合则需作哪些改动，为什么？

2. 分散剂作用原理是什么？其用量大小对产物粒子有何影响？

3. 悬浮聚合对单体有何要求？聚合前单体应如何处理？

4. 根据实验体会，指出在悬浮聚合中应特别注意哪些问题，应采取什么措施？

实验 2.6　苯乙烯-丙烯酸酯共聚微乳液的制备

一、实验目的

1. 了解乳液聚合的工艺特点，加深对乳液聚合的认识。
2. 掌握乳液聚合的操作方法，能正确搭建乳液聚合装置，安全开展实验。
3. 能够运用专业知识对乳液聚合反应影响因素进行综合分析和合理解释。

二、实验原理

1. 产品用途

苯丙乳液的主要用途是制备建筑乳胶漆，这类乳液通常由苯乙烯和丙烯酸丁酯共聚而成。丙烯酸丁酯的聚合物具有良好的成膜性和耐老化性，但其玻璃化转化温度仅-58℃，不能单独用作涂料的基料。将丙烯酸丁酯与苯乙烯共聚后，涂层表面硬度大大增加，生产成本也有所下降。为了提高乳液的稳定性，共聚单体中通常加入少量丙烯酸。丙烯酸是一种水溶性单体，参加共聚后主要存在于乳胶颗粒表面，羧基指向水相，因此颗粒表面呈负电性，同性电荷的作用使得颗粒不容易凝聚结块。此外，适当比例的丙烯酸有利于提高涂料的附着力。

苯丙乳液制备一般采用过硫酸铵或过硫酸钾作为引发剂，十二烷基硫酸钠作为乳化剂。十二烷基硫酸钠是一种阴离子型乳化剂，具有优良的乳化效果。用十二烷基硫酸钠作乳化剂制备的乳液机械稳定性较好，但化学稳定性不够理想，与盐类化合物作用易发生破乳凝聚作用。为了改善乳液的化学稳定性，可加入非离子型乳化剂，组成复合型乳化体系。常用的非离子型乳化剂有壬基酚聚氧乙烯醚(如 OP-10)等。

用于建筑乳胶漆的苯丙乳酸的固体含量为 48±2%，最低成膜温度为 16℃，成膜后涂层无色透明。为了使建筑乳胶漆在冬天也能使用，通常还需加入成膜助剂，如苯甲醇等，使涂料的最低成膜温度达到 5℃。

2. 实验原理

乳液聚合是连锁聚合反应的又一实施方法，具有十分重要的工业价值。乳液聚合是指单体在水介质中，由乳化剂分散成乳液状态进行的聚合。乳液聚合最简单的配方是由单体、水、水溶性引发剂和乳化剂四部分所组成的。工业上的实际配方可能要复杂得多。

乳液聚合与悬浮聚合不同。第一，乳液聚合产物的颗粒粒径为 0.05～1μm，比悬浮聚合产物的粒径(50～200μm)要小得多；第二，乳液聚合所用的引发剂是水溶性的，而悬浮聚合的引发剂是油溶性的；第三，在本体、溶液、悬浮聚合中，使聚合速率提高的因素，都将使产物的相对分子质量降低，而在乳液聚合中，聚合速率和相对分子质量可同时提高。

乳液聚合有许多优点，如聚合热容易排除；聚合速度快，同时可获得较高的相对分子质量；在直接使用乳液的场合，可避免重新溶解、配料等工艺操作等等。乳液聚合的缺点是产品纯度较低；在需要获得固体产品时，存在凝聚、洗涤、干燥等复杂的后处理问题等。比较其优缺点可发现，乳液聚合不失为一种制备合成高分子的较好的工艺方法。

乳液聚合在工业上有十分广泛的应用。合成橡胶中产量最大的丁苯橡胶和丁腈橡胶就是采用乳液聚合法去生产的。此外，聚氯乙烯糊状树脂、丙烯酸酯均为乳液聚合的产品。

在丙烯酸酯乳液中，苯丙乳液是较重要的品种之一。苯丙乳液是由苯乙烯和丙烯酸酯(通常为丙烯酸丁酯)通过乳液聚合法共聚而成，具有成膜性能好、耐老化、耐酸碱、耐水、价格低廉等特点，是建筑涂料、黏合剂、造纸助剂、皮革助剂、织物处理剂等产品的重要原料。

乳液聚合的主要组分是单体、分散介质(水)、乳化剂和引发剂。

三、主要试剂与仪器

1. 主要试剂

名　称	试　剂	规　格	用　量
单　体	苯乙烯	聚合级	60g
单　体	丙烯酸丁酯	聚合级	35~55g
水溶性单体	丙烯酸	聚合级	1~8g
引发剂	过硫酸铵	化学纯	0. 5g
乳化剂	十二烷基硫酸钠	化学纯	0. 5g
乳化剂	OP-10	工业级	2g

2. 主要仪器

名　称	仪器或耗材	规格及用量
实验装置	标准磨口四颈瓶	(250mL/24mm×4)1 只
	球形冷凝器	(300mm)1 支
	Y 形连接管	(24mm×3)2 只
	温度计	(100℃)1 支
	分液漏斗	(125mL)1 只
	滴液漏斗	(125mL、50mL)各 1 只
	电动搅拌器	1 套
	电加热套	1 个
其他耗材	烧杯	2 只(100mL)
	量筒	1 只(100mL)
	表面皿	1 个

四、实验步骤

1. 称取 0. 5g 十二烷基硫酸钠置于 100mL 烧杯中，加 30mL 去离子水，略加热并手工搅拌使溶解。然后加入 2g 的 OP-10 乳化剂，混合均匀，得组分 1。

2. 称取 0. 6g 过硫酸铵置于 100mL 烧杯中，加水 10mL，摇晃使溶解，得组分 2。

3. 在 250mL 烧杯中称量加入苯乙烯 25mL，丙烯酸丁酯 20~25mL，丙烯酸 1g，均匀混合，得组分 3。

4. 在装有搅拌器、冷凝器、温度计和滴液漏斗的四颈瓶中，加入去离子水 20mL 和全部的组分 1，搅拌并升温。当温度达到 80℃时，恒温。加入约 30%的组分 3，体系逐渐呈乳白色。15min 后，液面边缘可能呈淡蓝色，同时液面上的泡沫消失，表明聚合反应已开始。再保持 15min，同时开始滴加组分 2 和剩余 70%的组分 3，二者滴加速度为 1∶5(即控制组分 2 滴加 1 滴的同时保证组分 3 滴加 5 滴)，使组分 3 略先于组分 2 加完，控制在 1.5h 左右滴加完。

5. 恒温 0.5h，撤去热源。搅拌下自然冷却至室温，装入烧杯中称重。

6. 取 3g 左右所得乳液涂于干净的表面皿上，放置烘箱中烘干，观察其干燥情况，正常情况下应得一表面坚硬的透明涂层。

7. 计算固含量及产率。

五、注意事项

1. 乳液聚合对水质要求较高。若聚合不能正常进行，或产物稳定性不好，应检查水质是否符合要求。

2. 所用的丙烯酸若已有絮状沉淀出现，应过滤后才能使用。

3. 聚合反应开始后，有一自动升温过程。应严格控制聚合温度不得高于 85℃，否则，乳化剂效率将降低，并有溢料的危险。

4. 搅拌速率不宜过高，不超过 220r/min。

六、思考题

1. 从手册中查出聚苯乙烯和聚丙烯酸丁酯均聚物的玻璃化转化温度，然后计算本实验所得的苯丙共聚物的玻璃化转变温度。讨论玻璃化转化温度与乳胶成膜性能的关系，讨论功能单体用量对乳胶成膜性能的影响。

2. 根据乳液聚合条件不同，所得的乳液有时泛淡蓝色，有时泛淡绿色，有时甚至泛珍珠色光，通过这些现象，可对乳液的质量作出什么结论?

3. 将共聚配方中的丙烯酸换成甲基丙烯酸是否行? 对乳液质量会有什么影响?

4. 讨论乳液聚合的工艺特点，指出其优缺点，并与悬浮聚合比较。

第3章　高分子物理实验

《高分子物理实验》是专业基础理论课《高分子物理(含课程实验)》的实验部分，是高分子材料与工程专业学生在完成高分子化学、高分子物理等专业课程的学习后，所开设的实验课程。

通过实验教学，使学生加深对高分子物理理论课所讲授的基本概念和理论的理解，进一步掌握高聚物结构与性能的关系。同时，使学生在实验中学会把理论知识运用于生产实践中，培养学生的工程意识，增强学生实验设计及实验操作能力，培养学生创新意识和创新能力。

本部分课程的课程目标如下：

1. 根据实验目的、实验条件、拟定获得的测试结果等搭建性能测试系统，安全地进行高分子物理实验，并正确地记录、采集实验数据。

2. 根据所需测定的高聚物性能，选择合理的分析测试仪器，并能用计算机软件绘图，模拟数据变化趋势，进行相应数据分析、计算。

3. 能根据高分子物理实验测试结果，结合高分子物理的基本理论分析，得到合理有效的数据分析结果，并撰写实验报告。

本部分实验要求如下：

1. 预习：理解实验原理，确定实验方案，了解主要仪器设备的性能和操作要求。

2. 实验操作：学会主要仪器设备的操作规程和安全注意事项，掌握实验步骤和各步骤的要点，认真观察、记录实验现象，正确分析实验结果。实验结束后，对设备进行清理，整理实验工具，清洁实验室地面。实验记录经指导教师查阅并签字后，方可离开实验室。

3. 实验报告：独立完成实验报告，实验报告应字迹工整、叙述简明扼要、结论清楚明了。完整的实验报告包括：实验题目、实验原理、方案、操作要点、数据处理、计算或作图、实验结果的分析和讨论。

实验3.1 体积电阻系数和表面电阻系数的测定

一、实验目的

1. 了解高分子材料体积电阻系数和表面电阻系数测定的基本原理。
2. 掌握高分子材料体积电阻系数和表面电阻系数的测定方法。
3. 能运用高分子物理专业知识进行实验过程和结果的解析，并分析影响因素。

二、实验原理

材料的导电性是由于其内部存在传递电流的自由电荷，即载流子，它们可以是电子、空穴，也可以是正负离子。在外加电场作用下，这些载流子作定向移动，形成电流。导电性优劣与材料所含载流子的数量、运动速度有关。常用电阻系数(电阻率)ρ或电导系数(电导率)σ表征材料的导电性，它们是一些宏观物理量，而载流子浓度和迁移率则是表征材料导电性的微观物理量。

大多数高聚物是作为绝缘材料使用的，但具有特殊结构的高聚物可作为半导体、导体，甚至人们提出了超导体的模型。决定高聚物导电性的因素有化学结构、相对分子质量、凝聚态结构、杂质以及环境(温度、湿度等)等。

饱和的非极性高聚物具有很好的电绝缘性能，理论上计算它们的电阻系数可达到$10^{23}\Omega\cdot m$，而实测值要小几个数量级，说明高聚物中除自身结构以外的因素(如残留的催化剂、各种添加剂等)对导电性能产生了不小的影响。

极性高聚物的电绝缘性次之，微量的本征解离产生导电离子，此外，残留的催化剂、各种添加剂等都可以提供导电离子。

一些共轭高聚物(如聚乙炔)则可制成半导体材料，这是由于主链上π轨道相互交叠，π电子有较高的迁移率。但是它们的导电性实际并不高，原因是受到成对电子的影响，电子成对后，只占有一个轨道，空出另一个轨道，两个轨道能量不同，电子迁移时必须越过轨道间的能级差，这样就限制了电子的迁移，材料导电率下降。采用掺杂方法可以减小能级差，电子迁移速率提高。Heeger(黑格，美国)、MacDiarmid(麦克迪尔米德，美国)以及白川英树(日本)就用溴、碘掺杂聚乙炔，没有掺杂时聚乙炔的电导率为3.2×10^{-6}S/cm，掺杂后竟达到了38S/cm，提高了1000万倍，接近金属铝和铜的电导率。在发现聚乙炔的导电性后，黑格发现聚乙炔的磁性、电学、光学性质都异常。为了说明聚乙炔的导电性，黑格又提出了孤子导电的新概念，他们的成果在2000年获得诺贝尔化学奖。评奖委员会的公告说：塑料本来是不导电的绝缘体，它们合成了具有共轭链的聚乙炔，用掺杂的方式使塑料出现与金属一样的导电性。导电高分子已经成为化学及物理学研究的重要领域，不仅将导电聚合物用于聚合物电池的设想正在逐步实用化，而且发光二极管、移动电话显示屏以及将来的分子电路也有可能用导电高分子作为关键材料。

其他具有特殊结构的高聚物如π电子离域及焦化聚合物、电荷转移复合物以及金属螯合型聚合物也具有较高的导电性。

根据测试方法的不同，高聚物可以表现出不同的导电性，分体内和表面两种情况。将平板状试样放在两电极之间，施于两电极上的直流电压和流过电极间试样表面层上的电流之比，称为表面电阻 R_s。若试样长度为 1cm，两电极间的试样宽度为 1cm，则这时的 R_s 就是该试样的比表面电阻(表面电阻系数)ρ_s，单位为 Ω。

同理，施于两电极上的直流电压和流过电极间试样体积内的电流之比，称为体积电阻 R_v。若试样厚度为 1cm，测量电极面积为 1cm²，则这时的 R_v 值即为该试样的比体积电阻(体积电阻系数)ρ_v，单位为 Ω · cm。通常，在提到"比电阻"而又没有特别注明的时候就是指 ρ_v。

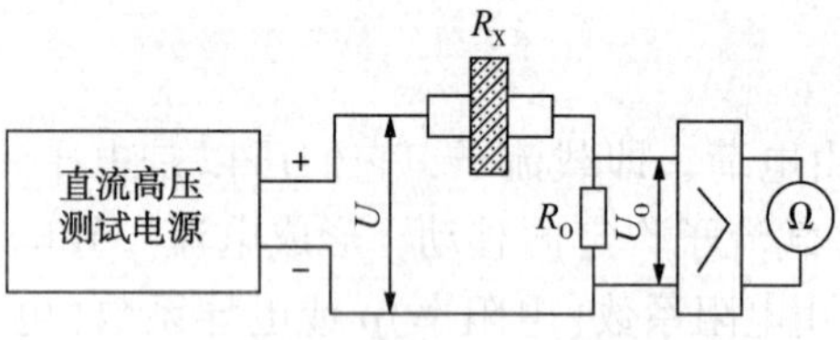

图 3-1　高阻计主要原理图

U—测试电压；R_0—取样电阻，其电压为 U_0；R_X—被测试样的绝缘电阻

ρ_s 和 ρ_v 一般用绝缘电阻测试仪(高阻计)法和检流计法测定。

绝缘电阻测试仪的主要原理如图 3-1 所示。测试时，被测试样 R_x 与高阻抗直流放大器的输入电阻 R_0 串联，并跨接于直流高压测试电源上。放大器将其输入电阻 R_0 上的分压信号经放大后输出给指示仪表，由指示仪表可直接读出 R_x 值。

$$R_X = \frac{U}{U_0} \cdot R_0 \tag{3-1}$$

1. 计算体积电阻系数 ρ_v

$$\rho_v = R_v \frac{A_e}{t} \tag{3-2}$$

$$A_e = \frac{\pi}{4}(d_1 + 2g)^2 = 22.891(\text{cm}^2) \tag{3-3}$$

式中　R_v——体积电阻，Ω · cm；

t——被测试样厚度，cm；

d_1——测量电极直径，5cm；

g——测量电极与保护电极间隙，0.2cm。

2. 计算表面电阻系数 ρ_s

$$\rho_s = R_s \frac{2\pi}{\ln \frac{d_2}{d_1}} = 81.6 R_s \tag{3-4}$$

式中　R_s——表面电阻，Ω；

d_1——测量电极直径，5cm；

d_2——保护电极(环电极)内径，5.4cm。

三、实验仪器与样品

1. 绝缘电阻测试仪

绝缘电阻测试仪型号：PC40B 型数字绝缘电阻测试仪(高阻计)，操作面板见图 3-2，主要技术参数见表 3-1。

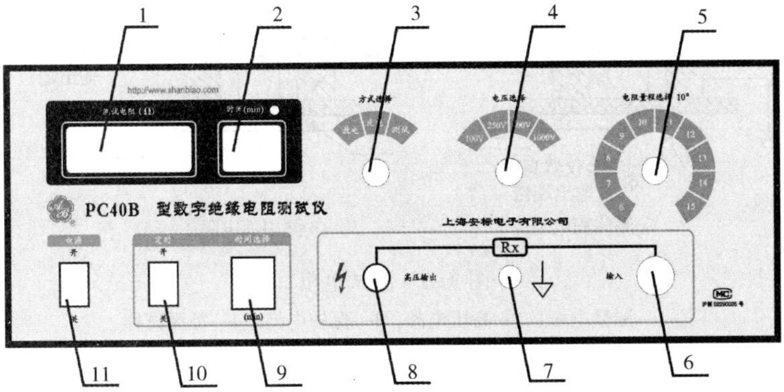

图 3-2　高阻计操作面板

1—“测试电阻”显示器；2—“时间”显示器；3—“方式选择”开关；4—“电压选择”开关；
5—“电阻量程选择”开关；6—“输入”端；7—“接地”端；8—“高压输出”端；
9—“时间”设定拨盘；10—“定时”设定开关；11—“电源”开关

表 3-1　测试电压与测试范围

测试电压		测试电阻范围/Ω
电压/V	误差	
100	±5%	$2\times10^5 \sim 1.999\times10^{10}$
250		$2\times10^5 \sim 1.999\times10^{11}$
500		$2\times10^5 \sim 1.999\times10^{12}$
1000		

2. 试样及试样处理

(1) 聚丙烯、脲醛树脂和酚醛树脂标准试样各 1 块，规格：100mm×100mm×2mm。

(2) 用无水酒精擦洗试样表面，一般情况下，应在温度 20±5℃ 和相对湿度 65±5% 的条件下放置不小于 16h，方能进行实验。

四、实验步骤

1. 按照仪器面板，熟悉各开关、旋钮。

2. 测试试样体积电阻时，电极箱上的选择转换开关置于 R_v，此时箱内三电极的状态如图 3-3(a)；测试试样表面电阻时，电极箱上的选择转换开关置于 R_s，此时箱内三电极的状态如图 3-3(b)。

3. 校正高阻仪的灵敏度。

4. 测试前的准备。

(1) 各开关位置选择：

① “电源”开关置于“关”的位置。

② “额定电压选择”开关置于所需的电压挡(一般为 100V)。

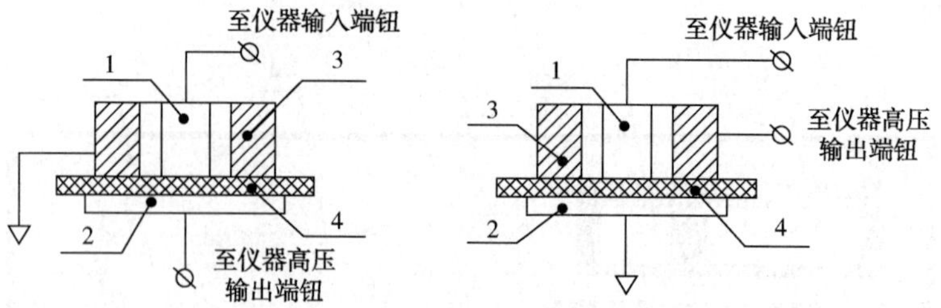

(a)测体积电阻R_v　　(b)测表面电阻R_S

图 3-3　测试电阻

1—测量电极；2—高压电极；3—保护电极；4—被测试样

③“方式选择”开关置于“放电”位置。

④“电阻量程”开关置于 10^6 的挡位。

(2) 接通电源，合上电源开关，电源指示灯亮，预热 10min。

5. 测试过程。

(1) 测试纯电阻：

将“方式选择”开关置于“测试”位置，即可读数；如用定时器时，可将“定时”开关置于“开”的位置，待到达设定时间，即自动锁定显示值。在进行下次测试时，需将“定时”开关设置于“关”的位置。

在测试过程中要注意：

① 若发现显示为 0.200 以下，可将“电阻量程选择”开关降低一挡，若降至 10^6 挡，显示值仍为 0.200 以下，即被测物电阻值小于 200kΩ，处于仪器的最小量限外。应立即将“方式选择”开关置于“放电”，并停止测试，以免损坏仪器。如显示为 1.999，可将“电阻量程选择”开关逐挡升高，直至读数在 0.200~1.999 之间。

将显示器上的读数乘以“电阻量程选择”开关上的倍率，即为被测物的绝缘电阻值。例如：读数为 1.203，“电阻量程选择”开关所指的系数为 10^{11}，其电阻值为 $1.203\times10^{11}\Omega$。

② 在测试绝缘电阻时，如发现显示值有不断上升的现象，这是由于介质的吸收现象所致，在一般情况下，取其测试开始后 1min 时的读数，作为其电阻值。

(2) 测试带电容性物体：

先将“方式选择”开关置于“充电”挡，对被测物经一定时间的充电后(一般为 15s，当电容大时，可适当延长时间)，然后按(1)测试纯电阻的步骤进行。

6. 测试完毕，即将“放电-测试”开关退回至“放电”位置，输入端短路按钮也须回复到使放大器输入端短路的位置，然后可卸下试样。

五、实验注意事项

1. 高阻计和电极箱的接地端必须妥善接地。

2. 本实验使用的是高压直流电源(1000V)，实验中必须注意安全，测试前务请认真阅读实验指导书，测试中必须严格按照操作步骤，注意切勿用人体部位触及 R_x 高压端。

3. 切勿误将 R_x 高压端接地，否则引起烧机责任事故。

4. 每完成一个试样的测试后，务必先将“放电-测试”开关拨向放电位置，“输入短路”开关拨至短路位置。

六、实验数据及处理

观察实验现象，做好原始记录，计算实验结果，如表 3-2。

表 3-2　电阻系数计算结果

参数	聚丙烯			酚醛树脂			脲醛树脂		
ρ_v									
平均值									
ρ_s									
平均值									

七、思考题

1. 试样表面的粗糙度、测试环境的温度和湿度对测定结果有无影响？为什么？

2. Heeger（黑格，美国）、MacDiarmid（麦克迪尔米德，美国）和白川英树（日本）做了哪些工作使他们获得了 2000 年度诺贝尔化学奖？

3. 决定高聚物导电性的因素有哪些？

4. 近年来已经发现聚合物还可能是半导体、导体甚至超导体，你对此有多少了解？

实验 3.2　偏光显微镜观察聚合物的结构

一、实验目的

1. 了解偏光显微镜的基本结构与原理。
2. 通过偏光显微镜直接观察、了解聚合物的结晶结构或无定形结构。
3. 估算聚丙烯、聚乙烯试样球晶的大小。
4. 能够运用高分子专业知识解析实验现象，分析影响因素。

二、实验原理

聚合物的性能主要取决于它的聚集态结构。高分子聚集态结构主要有两种，即结晶态和无定形态。如果高分子链在空间三个方向上形成有序排列，这种有规律的排列结构称为聚合物的结晶态结构；若高分子链无序排列，则称为非晶相或称为无定形结构。

利用普通光学显微镜能直接观察聚合物的外观结构，如均匀性、粒子的大小及分布等。不含填料和杂质的多数无定形聚合物，在显微镜下大多是清澈透明的。但普通光学显微镜只能看到聚合物中的粒子形态，不能鉴别是晶体还是非晶体，而偏光显微镜利用晶体对偏振光的双折射现象，可以观察到粒子是晶体还是非晶体。

三、实验仪器与样品

1. 实验仪器：偏光显微镜。

偏光显微镜的主要结构与普通光学显微镜相同，主要由目镜和物镜组成，所产生的图像是样品放大的倒像，总的放大倍数等于目镜和物镜放大倍数的乘积，不同的是偏光显微镜比普通光学显微镜多加了两块偏振镜。

下偏振镜位于光源与聚光镜之间，它的作用是使通过样品前的自然光变成偏振光，故下偏振镜又称起偏镜。上偏振镜位于目镜与物镜之间，它的物理作用与下偏振镜相同。当光线通过上偏振镜时，如果是具有一定振动方向的偏振光，旋转上偏振镜则视场有明暗之别；如果是没有确定方向的自然光，旋转上偏振镜，光都能通过，则视场始终是明亮的，故上偏振镜又称检偏镜。

上、下两偏振镜的偏振轴相互平行时，光线能全部通过上偏振镜，视场最亮。上、下两偏振镜的偏振轴相互垂直时，光线完全不能通过上偏振镜，视场最暗。因此，当固定其中一个偏振镜，把另一个偏振镜转动 180°，就看到视场有明暗交替出现的现象。

上、下两偏振镜的偏振轴相互垂直，便组成所谓“正交偏光镜”。用偏光显微镜观察聚合物结晶状态时，通常是在正交偏光镜下观察。

在正交偏光镜下观察非晶态聚合物时，视场是暗的，这种现象叫消光。把载物台旋转 360°，消光现象不变，这叫永久消光或全消光(如图 3-4 所示)。永久消光是非晶态聚合物的固有特征，是区分结晶聚合物和非晶态聚合物的重要依据。

在非晶态聚合物中，光在各个方向的传播速度是相同的。这是因为非晶态聚合物的分子链呈无序排列属于均匀体，它对于来自下偏振镜的偏振光不会改变入射偏光的振动方向，传至上偏振镜时，光的振动方向仍然与上偏振镜允许通过的振动方向互相垂直，光不能通过，故视场呈黑暗。又因非晶体各向同性，故转动载物台也不会改变入射光的性质，所以消光现象不变。

在正交偏光镜下观察结晶态聚合物时，当转动载物台 360°，视场出现明暗交替四次(如图 3-5 所示)，四次消光是结晶聚合物的特征。因为结晶聚合物的分子链有规律排列，它对来自下偏光镜的偏光能产生双折射现象，分解形成两个互相垂直的偏光，以不同的速度通过结晶聚合物，传至上偏振镜时，其中一个偏光与上偏振镜中允许通过的振动方向相互垂直，光不能通过，而另一个则与上偏振镜允许通过的振动方向平行，光能通过，则视场明亮，可以看到晶体状态。当转动载物台 360°时，由于双折射而形成的偏振光与上下偏光镜的振动面有四次平行与垂直，故出现明暗交替四次。

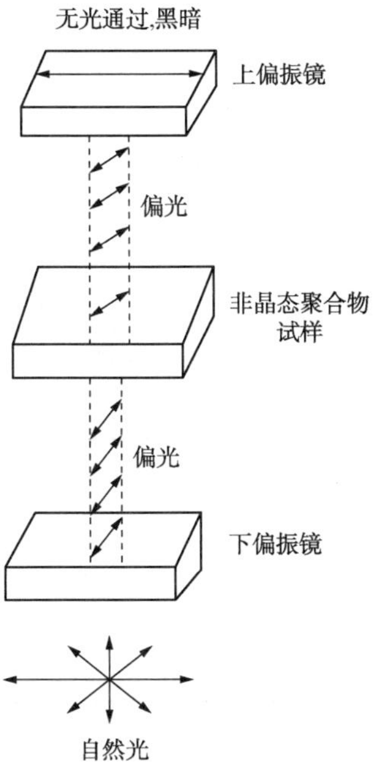

图 3-4　自然光通过正交偏光镜之间非晶态聚合物示意图

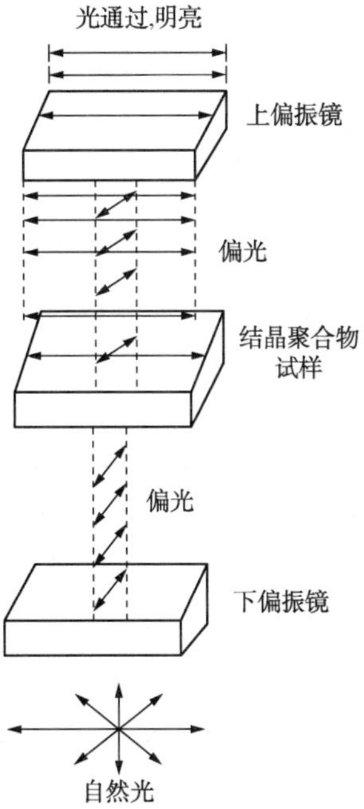

图 3-5　自然光通过正交偏光镜之间晶态聚合物示意图

2. 试样：PP、PE、PS 薄膜。

四、实验步骤

1. 聚合物样品制备。

制备聚合物薄膜样品常用熔融法或溶液法。本实验采用熔融法，即将少量聚合物放在载玻片上，盖上盖玻片，在盖玻片上施加一定的压力，放在加热箱内，逐渐升温到聚合物的熔点(或熔限)温度以上，然后自然降温，降温速度不能太快，以使晶体长大，直径达到数百微米，用偏光显微镜便可以观察。

2. 在偏光显微镜下观察聚合物的形状结构。

(1) 把盛有聚合物的载玻片放在载物台上，只用一个偏光镜进行观察(把下偏振片拖出，只用上偏振镜)，对准焦点，便可观察到聚合物样品内部结构的一些特点，例如均匀性、粒子大小及分布情况。

(2) 把下偏振镜旋入，使上下偏振镜的偏振轴互相垂直(即处于正交位置)，这样就能在正交偏光镜下观察，如果试样是非晶态聚合物，则整个视场是黑暗的；如果试样是结晶聚合物，则可看到聚合物晶体的形态，把载物台旋转360°，则可看到四明四暗的现象。

(3) 在正交偏振条件下，观察聚丙烯、聚乙烯、聚苯乙烯薄膜晶体的形态，读出相邻两球晶中心连线在分度尺上的尺寸，即球晶直径。

五、实验注意事项

1. 实验前要认真预习，集中精神听指导教师讲解，操作时，认真细致，注意安全。
2. 同组同学要分工协作。
3. 高倍镜下观察时不要用粗准焦螺旋，避免物镜压到玻片上而损坏物镜。

六、实验数据及处理

1. 记录实验数据，如表3-3所示。

表3-3　实验数据记录表

样品	熔融温度/℃	熔融时间/h	结晶温度/℃	结晶时间/h	物镜倍数	目镜倍数

2. 计算球晶直径，如表3-4所示。

表3-4　球晶数据计算表

分度尺读数/格	分度尺比例(目镜×物镜)	两球晶间距/mm	球晶直径/mm

七、思考题

1. 根据偏光显微镜的原理，试说明如何利用偏光显微镜对液晶聚合物及取向聚合物进行定性分析？
2. 结晶温度对球晶尺寸有何影响？
3. 请解释球晶黑十字消光图案的原因。
4. 为什么无定形聚合物在偏光显微镜下呈现出暗场？

实验 3.3　凝胶渗透色谱法测定聚合物相对分子质量及相对分子质量分布

一、实验目的

1. 了解凝胶渗透色谱法(GPC)的基本原理。
2. 掌握 GPC 法测定聚合物的相对分子质量及相对分子质量分布的实验技术。
3. 初步掌握 LC-20A 型凝胶渗透色谱的进样、数据处理等基本操作。
4. 能够解析 GPC 测定的聚合物相对分子质量及相对分子质量分布。

二、实验原理

GPC 的工作原理有各种说法，广为接受的是体积排除理论，因此 GPC 技术又被赋予另一个名字——体积排除色谱(size exclusion chromatography，SEC)。和各种类型的色谱一样，GPC/SEC 的原理也是分离，其分离对象是同一聚合物中不同相对分子质量的高分子组分。当样品中不同相对分子质量的各组分的相对分子质量和含量被确定后，就可得到聚合物的相对分子质量分布，然后可以很方便地对相对分子质量进行统计，得到各种平均值。

一般认为，GPC/SEC 是根据溶质体积的大小，在色谱中由于体积排除效应即渗透能力的差异进行分离。在 GPC 分离的核心部件色谱柱内装有多孔性填料(称为凝胶或多孔微球，可由交联度很高的聚苯乙烯、聚丙烯酸酰胺、葡萄糖和琼脂糖的凝胶以及多孔硅胶、多孔玻璃等来制备)，其孔径大小有一定的分布，并与待分离的聚合物分子尺寸可相比拟。当被分析的样品随着淋洗溶剂(流动相)进入色谱柱后，体积很大的分子不能渗透到凝胶空穴中而受到排阻，最先流出色谱柱；中等体积的分子可以渗透到凝胶的一些大孔，而不能进入小孔，产生部分渗透作用，比体积大的分子流出色谱柱的时间稍后；较小的分子能全部渗入凝胶内部的孔穴中，而最后流出色谱柱。因此，聚合物淋出体积与其相对分子质量有关，相对分子质量越大，淋出体积越小。

图 3-6 是 GPC/SEC 的构造示意图，淋洗液通过输液泵成为流速恒定的流动相，进入紧密装填多孔性微球的色谱柱。聚合物样品进样后，淋洗液带动溶液样品进入色谱柱并开始分离，随着淋洗液的不断洗提，被分离的高分子组分陆续从色谱柱中淋出。浓度检测器不断检测淋洗液中高分子组分的浓度响应，最后得到一张完整的 GPC/SEC 淋洗曲线。

聚合物分子尺寸(常以等效球体半径表示)与相对分子质量有关，淋出体积与相对分子质量可以表示为：

$$V_e = f(\lg M) \tag{3-5}$$

这一函数关系通常可展开为一个多项式的校正方程：

$$\lg M = a_0 + a_1 V_e + a_0 V_e^{\ 2} + \cdots \tag{3-6}$$

通常用一个线性方程表示色谱柱可分离的线性标定后可求得。通过使用一组单分散性相对分子质量不同的试样作为标准样品，分别测定它们的淋出体积 V_e 和相对分子质量，做

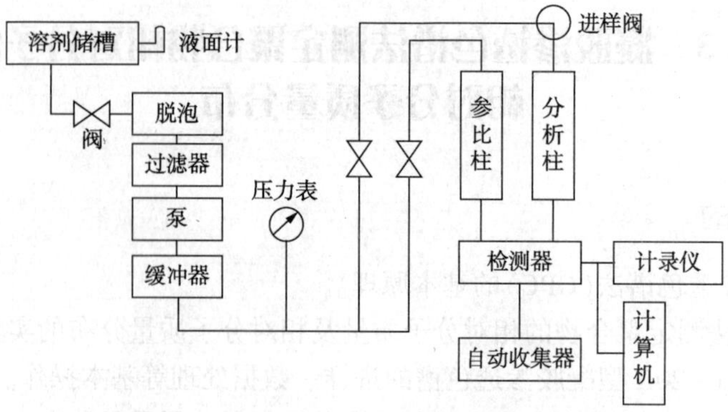

图 3-6　GPC/SEC 的构造

lg$M$ 对 V_e 直线，可求得特性常数 A 和 B。这一直线就是 GPC 的校正曲线。待测聚合物被淋洗通过 GPC 柱时，根据其淋出体积，就可从校正曲线上算得相应的相对分子质量。

三、实验仪器与样品

本实验仪器和试剂见表 3-5。

表 3-5　实验仪器和试剂一览表

仪器及耗材	用　量	规　格
微孔滤膜	1 个	<0. 45μm
注射器	1 个	2mL
凝胶渗透色谱仪	1 台	LC-20A
试　剂	用　量	规　格
四氢呋喃	2~4mL	色谱纯
聚己内酯/聚苯乙烯或能溶于四氢呋喃的聚合物	2~4mg	1%~2%(溶剂：四氢呋喃)

四、实验步骤

1. 流动相及样品的准备

(1) 流动相选择四氢呋喃。

(2) 在样品瓶中称取约 2~4mg 被测样品，注入约 2~4mL 四氢呋喃溶剂，待样品充分溶解成为澄清透明溶液后，用 0. 45μm 孔径的微孔滤膜的过滤器过滤后放入样品瓶中待用。

2. 仪器观摩

了解 GPC/SEC(图 3-7)各组成部分的作用和大致结构，了解实验操作要点。设定淋洗液流速为 1. 0mL/min、柱温和检测温度为 40℃。了解数据处理系统的工作过程。

3. 聚合物相对分子质量及相对分子质量分布测定

(1) 待仪器基线平直(-5~30mV)，压力稳定时方可进样。将样品瓶放入自动进样器中，观察基线及柱压，点击助手栏中批处理分析图标，点击助手栏中的“向导”。编辑方式为新建或添加，方法文件默认为当前方法(可根据需要选择相应方法)。

(2) 根据提示逐步输入“开始样品编号”→“进样体积”→“样品组数”→标准样品“数据文件路径、名称”“校正级别数”“重复进样次数”→未知样品的信息，填写后“完成”。

(3) 保存批处理文件：文件→批处理文件另存为→路径、名称→保存。

(4) 启动批处理：仪器处于“就绪”状态后点击助手栏中的开始批处理，运行测试过程。

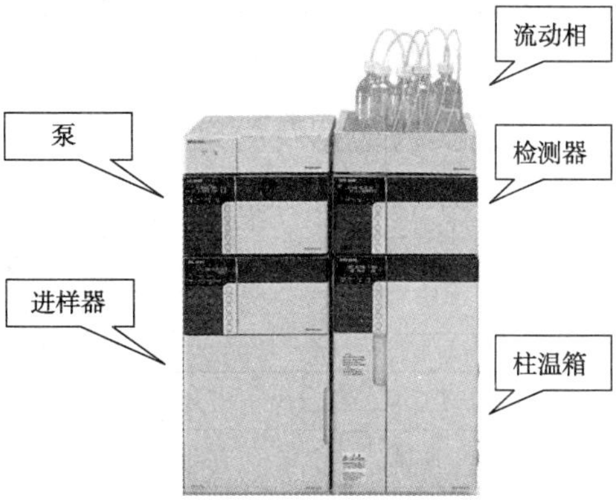

图 3-7　凝胶渗透色谱仪

4. 数据文件的查看及定量分析(外标法为例)

(1) 点击助手栏中的“再解析”键，点击“PDA 数据分析”打开数据处理窗口。

(2) 打开文件搜索器，定位至数据文件所在的文件夹，选择文件的类型，双击文件名即可打开数据文件(此时可以查看峰面积、保留时间等参数)。

(3) 点击助手栏中的向导，逐步填写相关信息直至完成。

(4) 另存方法文件为→对话框选择“是”→选择保存路径和名称→点击“确定”。

(5) 关闭当前数据文件并保存。

(6) 单击左侧助手栏中的“LC 数据分析图标”→在数据浏览器中找到要计算的数据文件并“打开”。

(7) 文件→加载方法参数→选择已保存的方法文件，打开→对话框中选择“是”，计算完毕。

5. 数据文件中报告预览和打印

(1) 报告模板的制作：点击 Top 返回上级引导操作栏，助手栏中点击“再解析”—“PDA 数据分析”—“数据报告”进入报告界面。

(2) 调入报告格式文件，用鼠标将报告格式文件拖拽到右侧报告栏内即可。

(3) 报告格式的制定和修改，可以通过点击“样品信息”“方法信息”“LC/PDA 色谱图”“LC/PDA 校正曲线”“LC/PDA 峰表”“LC/PDA 结果”等内容图标，拖拽鼠标到报告中确定位置，即可依次加入相应的统计信息。

6. 实验结束

(1) 实验结束，用四氢呋喃冲洗色谱柱 30min。

(2) 点击“仪器开/关”键，停泵，待泵的压力下降到 0.5MPa 以下，按关机顺序关闭仪器电源。

(3) 清洗工具，打扫实验室，填写《大型精密仪器设备使用记录表》。

五、实验注意事项

1. 未经实验室管理员允许，不得随意调动机器按钮。
2. 淋洗剂四氢呋喃为易挥发水溶性有机溶剂，如不慎接触皮肤，用清水冲洗。

3. 配制而成的聚合物溶液必须是澄清透明溶液，如存在悬浮未溶解的颗粒，原则上不能用于相对分子质量的测定。

六、实验数据及处理

标　样__________浓度__________淋洗剂__________
流　速__________柱温__________淋洗时间__________

表 3-6　GPC 测定的实验数据记录表

相对分子质量	峰 1	峰 2	峰 3	峰 4
数均相对分子质量				
重均相对分子质量				
相对分子质量分布宽度				

七、思考题

1. GPC 的分离机理与气相色谱的分离机理有什么不同？
2. 温度、溶剂的优劣对高聚物色谱图的位置有什么影响？
3. 讨论进样量、色谱柱的流速对实验结果有无影响。
4. 同样相对分子质量的样品，支化度大的分子和线型分子哪个先流出色谱柱？

实验 3.4　高聚物的差示扫描量热分析

一、实验目的

1. 了解差示扫描量热法原理。
2. 通过实验掌握差热分析的实验技术。
3. 使用差热分析仪测定高聚物的结晶温度、结晶度、玻璃化转变温度、熔点。
4. 能够运用热分析软件及其他绘图软件进行数据的分析和计算。
5. 能够运用材料热性能的相关知识解析实验过程及测定结果的影响因素。

二、实验原理

差示扫描量热法是指在温度程序控制下测量试样相对于参比物的热流速度随温度变化的一种技术，简称 DSC(Differential Scanning Calorimetry)。试样在受热或冷却过程中，由于发生物理变化或化学变化而产生热效应，这些热效应均可用 DSC 进行检测。

DSC 在高分子方面的应用特别广泛，其主要用途是：①研究聚合物的相转变，测定结晶温度(T_c)、熔点(T_m)、结晶度(X_D)、等温结晶动力学参数；②测定玻璃化转变温度(T_g)；③研究聚合、固化、交联、氧化、分解等反应，测定反应温度或反应温区、反应热、反应动力学参数。

如图 3-8 所示，当温度达到玻璃化转变温度时，大分子的链段开始运动，试样的热容发生明显的变化，试样的热容增大就需要吸收更多的热量，因而试样的温度落后于参比物的温度，产生了温度差，于是 DSC 曲线上方出现一个转折，该转折对应的温度即玻璃化转变温度(T_g)。假如试样是能结晶的，并且处于过冷的非晶状态，那么在 T_g 以上可以进行结晶，同时放出大量的结晶热，此时试样温度较参比物上升快，DSC 曲线上表现为放热峰。进一步升温，结晶熔融吸热，试样温度暂时停止上升，与参比物之间产生了温度差，出现吸热峰。当熔融完成后，加于试样的热能再使试样温度升高，直到等于参比物的温度，于是二者的温度差又为零，回复到基线位置，将熔融峰顶点对应的温度记作熔点(T_m)。再进一步升温，试样可能发生氧化、交联反应而放热，出现放热峰，最后试样则发生分解、吸热，出现吸热峰。当然，并不是所有的聚合物试样都存在上述全部物理变化和化学变化。

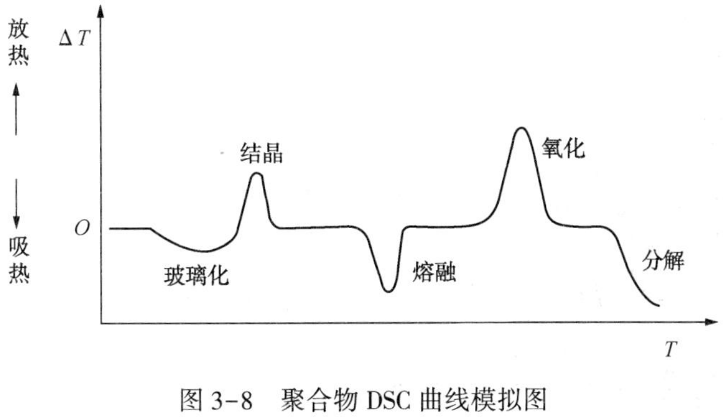

图 3-8　聚合物 DSC 曲线模拟图

通常按图 3-9(a)的方法确定 T_g：由玻璃化转变前后的直线部分取切线，再在实验曲线上取一点，使其平分两切线间的距离 Δ，这一点所对应温度即为 T_g。

通常按图 3-9(b)的方法确定小分子化合物的 T_m：由峰的前部斜率最大处作切线与基线延长线相交，此点所对应的温度作为 T_m。

通常按图 3-9(c)的方法确定聚合物的 T_m：由峰的两边斜率最大处引切线，相交点所对应的温度作为 T_m，或取峰顶温度作为 T_m。结晶温度 T_c 通常也是取峰顶温度。峰面积的取法如图 3-9(d)、(e)所示。可在电脑中通过软件进行积分。

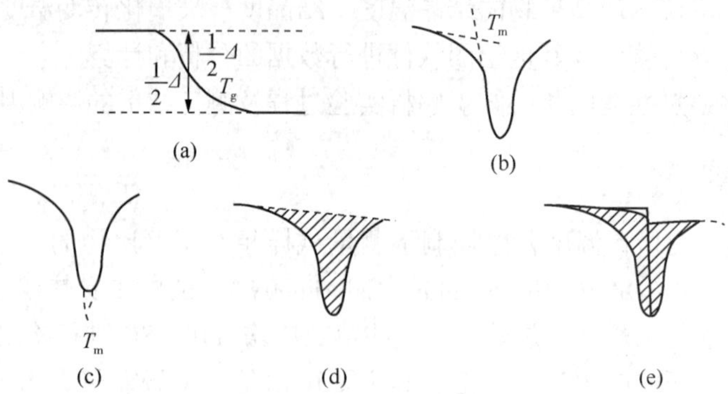

图 3-9　T_g、T_m 和峰面积的确定

由标准物质测出单位面积所对应的热量(mcal/cm²)。再由测试试样的熔融峰面积可求得试样的熔融热 ΔH_f(mcal/mg)。若百分之百结晶的试样的熔融热 ΔH_f^* 是已知的，则可按下式计算试样的结晶度：

$$结晶度\ X_D = \frac{\Delta H_f}{\Delta H_f^*} \times 100\% \tag{3-7}$$

三、实验仪器与样品

表 3-7　实验仪器及样品

仪器及耗材	规　格	用　量
DSC214 型综合热分析仪	1 个	DSC214 型(德国耐驰公司)
Al 坩埚	1 套	—
PP 或其他未知样品	粉末或粒料	5~10mg

四、实验步骤

依次打开电源开关：显示器、电脑主机、仪器。

称量铝坩埚内所加聚合物量(铝坩埚去皮)，将样品称重后平整放入(以不超过 1/3 铝坩埚容积，约 2~10mg 为好，盖子上要先扎个小眼，然后再用制样机密封)样品炉。注意左参比，右样品。

新建样品测量文件，录入实验编号、样品质量，选择温度和精确度校正程序。按工艺要求编程，升温程序为：室温~220℃（升温速度为20℃/min），220℃恒温2min，220~0℃（降温速度10℃/min），0~220℃（升温速度为10℃/min），确认后执行程序开始测量；结束温度为30℃。

程序正常结束后会自动存储，可打开分析软件包（或在测试中运行实时分析）对结果进行数据处理，升温段观察熔点，降温段观察结晶温度，标识熔融峰和结晶峰的综合信息。

另存图片，保存打印，签字。

五、实验注意事项

1. 试样装填和取出动作要轻稳，一般情况由实验老师操作。
2. 不得随意更改计算机中的预设参数和端口设置等。
3. 不得有影响仪器精度、寿命的震动、强电、强磁场干扰和腐蚀性气体存在。

六、实验数据及处理

1. 聚丙烯的玻璃化转变温度。
2. 聚丙烯的熔点。
3. 聚丙烯的结晶温度。
4. 计算聚合物（聚丙烯）的结晶度（此处PP的热焓按照190J/g计算）。

表3-8　实验数据记录表

编号	熔融峰/℃	熔融面积/（J/g）	结晶峰/℃	结晶面积/（J/g）	结晶度/%	T_g/℃
1						
2						
3						

七、思考题

1. 差热分析（DSC）的基本原理是什么？

2. 差热分析在高分子材料分析中有哪些应用？

3. 本实验的温度程序为先升温、后降温、再升温，数据记录为第一次降温和第二次升温，为什么要经过第一次升温？

4. 本实验中为何观察到PP的玻璃化温度不明显？如果要观察到PP玻璃化温度，你有何建议？

实验 3.5　高聚物的热重分析

一、实验目的

1. 理解和掌握热重法(TG)的基本原理和操作。
2. 能用 TG 进行聚合物的热稳定性测定。
3. 能够使用 TG 分析软件以及其他绘图软件进行数据的解析。

二、实验原理

1. 热重法简介

热重法(Thermogravimetry)简称 TG，是在程序控制温度下，测量物质的质量与温度关系的一种技术。一般多在等速升温下进行，这样可在较短的时间观察物质在很宽温度范围的质量变化情况。

其原理是样品重量变化所引起的天平位移量转化成电磁量，这个微小的电量经过放大器放大后，送入记录仪记录；而电量的大小正比于样品的重量变化量。当被测物质在加热过程中有升华、汽化、分解出气体或失去结晶水时，被测的物质重量就会发生变化。这时热重曲线就不是直线而是有所下降。通过分析热重曲线，就可以知道被测物质在多少度时产生变化，并且根据失重量，可以计算失去了多少物质。

2. 热重分析仪

本实验选用的测试仪器为德国耐驰公司的 TG209F3 型热重分析仪，其外观及组成如图 3-10和图 3-11 所示。

图 3-10　TG209F3 的外观图

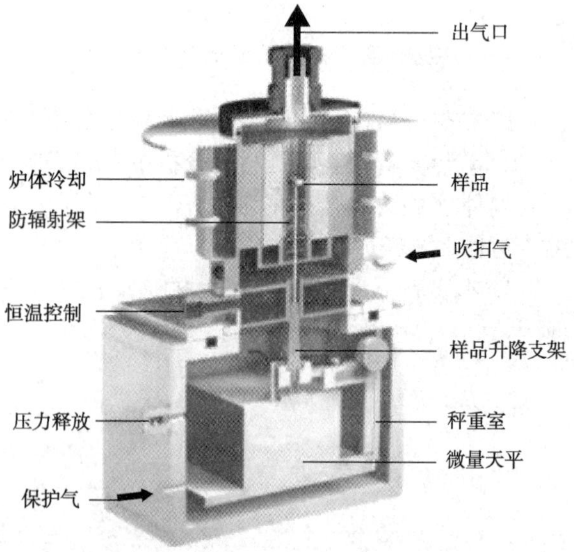

图 3-11　TG209F3 内部构造图

3. 热重数据的表示方法和处理

由热重法测得的记录为热重曲线(TG 曲线)，它表示过程的失重累积量，属积分型。测定失重速率的是微分热重法，它是热重曲线对时间或温度一阶微分的方法，记录为微分热重曲线(DTG 曲线)。

TG 曲线横坐标是温度(℃或 K)，有时也可用时间 t，从左向右表示增加，在动力学分析中采用热力学温度(K)或其倒数 $1/T(K^{-1})$。纵轴为质量，由上向下表示减少，可以用残重(实际称重，mg 或剩余百分数,%)或剩余份数 C(从 1~0)表示。DTG 曲线可用每分钟或每度产生的变化表示，如 mg/min、mg/℃或%/min、%/℃等，图 3-12 为典型的 TG 和 DTG 曲线示意图。

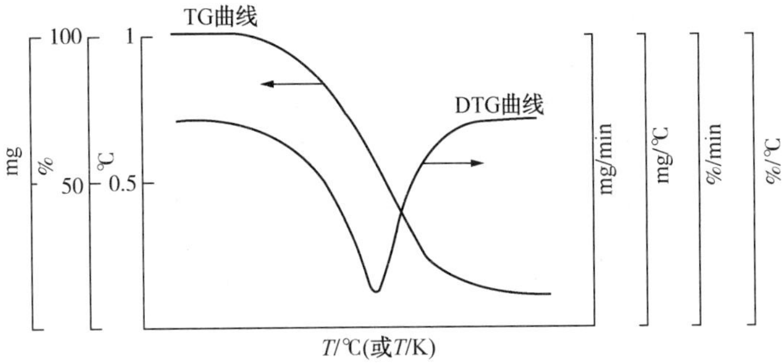

图 3-12　TG 曲线与 DTG 曲线

4. TG 在聚合物研究中的应用

TG 在聚合物测试中主要是研究在空气中或惰性气体中聚合物的热稳定性和热分解作用。除此之外，还可以研究固相反应，测定水分、挥发物和残渣；吸附、吸收和解吸；气化速度和气化热，升华速度和升华热、氧化降解、增塑剂的挥发性、水解和吸湿性、缩聚聚合物的固化程度、有填料的聚合物或掺和物的组成，以及利用特征热谱图做鉴定用。

当前发展起来的 DTA-TG 或 DSC-TG 联用设备，是 DTA 和 TG(或 DSC 和 TG)的样品室相连，在同样的氛围中，控制同样的升温速率进行实验，在谱图上同时得到 DTA 和 TG(或 DSC 和 TG)两种曲线，可由一次实验得到较多的信息，对照进行研究。

TG 与 IR、GC、MS 等联用，便可相互引证，迅速简便地阐明反应或转变之本质。

5. TG 测定聚合物的热稳定性

热失重法是测定聚合物热稳定性常用的方法之一。图 3-13 是几种常见聚合物的热重曲线，由该图可得知这几种聚合物的分解温度、分解快慢及分解的程序。如聚氯乙烯在 300℃左右失重 60%后趋于稳定，当温度升至 400℃左右后又逐渐分解；聚甲基丙烯酸甲酯、聚乙烯、聚四氟乙烯分别在 400℃、500℃、600℃左右彻底分解，失重几乎 100%；而聚酰亚胺在 650℃以上分解，失重才 40%左右。据此可见这几种材料的耐温性能差异很大，聚酰亚胺的热稳定性能最好。

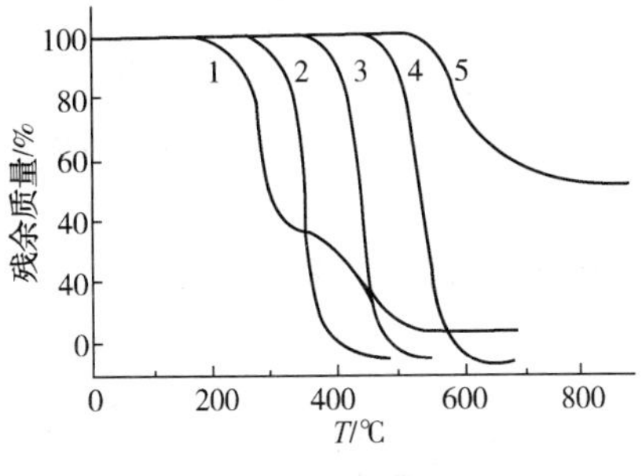

图 3-13　几种高聚物的 TG 曲线

1—聚氯乙烯；2—聚甲基丙烯酸甲酯；3—聚乙烯；4—聚四氟乙烯；5—聚酰亚胺

三、实验仪器与样品

表 3-9　实验仪器及样品

仪器及耗材	规　格	用　量
热分析仪	TG209F3(德国耐驰公司)	1个
标准氧化铝坩埚	—	1个
PP 或其他未知样品	粉末或粒料	5~10mg(不超过坩埚体积的 1/3)

四、实验步骤

1. 打开恒温水槽，待温度升高至 30℃时，打开 TG209F3 主机并预热 0.5h。
2. 依次打开电源开关：显示器、电脑主机、TG209F3 主机、TG209F3 测试软件。
3. 称重：打开炉盖，按仪器侧边按钮升起热天平，用仪器内置天平先称量标准氧化铝坩埚的重量(诊断→查看信号→调整测试中清零)，然后再次按下仪器侧边按钮升起支架，同时轻轻打开炉盖，取出坩埚，扣上炉盖；在刚取出的坩埚中加入待测样品(不超过坩埚体积的 1/3)，然后再次放到仪器支架上，降下支架测量样品重量。
4. 文件→打开一个已有的测试文件→操作界面中输入测量所需的各种参数。
5. 测量自动进行。
6. 数据处理，包括残余重量分析和起始热分解温度分析。
7. 关氮气及清理实验室和实验台面。

五、实验注意事项

1. 做实验时，放完药品后，热天平一定要降下，观察操作界面，未出现 error 表示仪器可以正常操作。
2. 加热炉温度应降至 40℃以下，方可打开炉体。
3. 实验完毕后应将氧化铝坩埚取出。

六、实验数据及处理

1. 分析本实验样品的起始热分解温度。
2. 分解速率最大时的热分解温度。
3. 分解量达 50%的热分解温度。
4. 终止温度时的残余质量。

表 3-10　实验数据记录表

编号	起始热分解温度/℃	分解速率最大时的温度/℃	分解量达 50%时的温度/℃	残余质量分数/%
1				
2				
3				

七、思考题

1. 热重法(TG)的基本原理是什么？

2. TG 在聚合物的研究中有哪些用途？

3. 如果实验时，升温速率增加一倍，所测得的实验结果(起始分解温度、热分解温度、残余质量)有何不同？请分析原因。

4. 分析本实验样品的起始热分解温度，分解速率最大时的热分解温度，分解量达 50% 的热分解温度、终止温度时的残余质量。

实验 3.6 塑料维卡软化点测定

一、实验目的

1. 测定热塑性材料的维卡软化点，并掌握其实验方法。
2. 正确使用热变形、维卡软化点测定仪。
3. 能够运用高分子物理知识解析实验过程及结果的影响因素。

二、实验原理

1. 实验原理

无定形高聚物在较低温度时，整个分子链和链段只能在平衡位置上振动，此时，聚合物很硬，像玻璃一样，加上外力只能产生较小的变形，除掉外力又恢复原状，这时聚合物是处于玻璃态；当温度升高到 T_g 温度以上，整个分子链相对其他分子来说仍然不能运动，但分子内各个链段可以运动，通过链段运动，分子可以改变形状，这时在外力作用下高聚物可以发生很大变形，此时高聚物处于高弹态；再继续升温，高聚物整个分子链都可以发生位移，高聚物成为可以流动的黏稠态，称为黏流态。

各种塑料在高温作用下，所发生的变化是不同的，温度在很大的程度上影响着塑料各方面的性质，为了测量塑料随着温度上升而发生的变形，确定塑料的使用温度范围，设计了各种各样的仪器，规定了许多实验方法。最常用的是“马丁耐热实验方法”“维卡软化实验方法”和“热变形温度实验方法”。这些方法所测定的温度，仅仅是该方法规定的载荷大小、施力方式、升温速度下到达规定的变形值的温度，而不是这种材料的使用温度上限。

维卡软化点指在特定均匀的升温速度条件下，施加特定的负载后，横截面积 $1mm^2$ 的平头针刺入塑料试样中 1mm 时的温度。

将被测试样装在顶针下面，载荷杆与其垂直，放入热载体硅油中，装好千分表，然后用选定的升温速度开始升温，用千分表读取针头垂直压入试样的深度，当该深度达到 1mm 时，读取此时的温度即为维卡软化点。

2. 维卡软化点设备工作原理

（1）热塑性塑料维卡软化点的测定：当匀速升温时，测定某一种负荷条件下标准压针刺入热塑性塑料试样表面 1mm 深时的温度。

（2）塑料弯曲负载热变形温度实验方法：测定塑料试样浸在一种等速升温的合适液体传热介质中，在简支梁式的弯曲负载作用下，试样弯曲变形达到规定值时的温度。

3. 仪器操作主界面使用说明

该界面包含升温速率、变形量、时间（空闲、运行或恒温）、当前介质温度、6 个样品架温度和变形量的显示，每组的试验曲线、试验结果的显示，试验结果的查询，X 轴、Y 轴坐标的范围，运行状态和按钮等。

仪器的运行状态指示：若仪器处于试验状态，运行指示灯为绿色；若仪器处于停止状态，停止指示灯为红色；若仪器处于恒温状态，恒温指示灯为绿色。

参数显示区分别显示升温速率、时间(空闲、运行或恒温)和当前介质温度，其中时间显示根据仪器当前状态计时。

“启动”按钮：在安装试样、设置完各种参数后，就可以按启动按钮，仪器自动对位移传感器进行清零，试验开始。

“停止”按钮：试验需要停止时，按“停止”按钮，则试验结束。

“系统”按钮：在试验开始前，按“启动”按钮可进行系统设置。

“计量”按钮：在仪器出厂的检验和用户进行计量时使用，可以进入计量界面，计量界面包括温度、时间和位移的计量，具体参数参照计量界面。

“设置”按钮：在试验开始前，按“设置”按钮进入设置界面，对升温速率、上限温度、恒温温度、恒温时间、形变量、介质闪点温度和参数计算进行设置。

“English”按钮：中英文切换按钮。

“查看”按钮：为查看试验结果按钮。

4. 试验参数设置界面说明

“升温速率”设置：对试验所需的升温速率进行设定。

“上限温度”设置：软件温度保护设定(上限温度)，仪器控温温度到达温度上限时自动停止加热。

“恒温温度”设置：对恒温温度进行设置。

“基础砝码”设置：对基础砝码进行设置(砝码托盘、压杆和压头或者压针)。

“恒温时间”设置：对恒温时间进行设置。

注：若恒温时间设置为“0”，不进行恒温控制，直接开始试验；若恒温时间设置不为“0”，则启动试验时，系统首先进行恒温控制，当恒温后，系统开始升温试验。

“介质安全温度”按钮：对介质的安全温度进行设置(上限温度应小于介质安全温度)。

实验模式选择：若为热变形温度试验，在输入试样尺寸和试验参数的每一个参数后，加载砝码质量和标准挠度会自动进行计算并更新显示。若为维卡试验，只计算所应加载的砝码质量，标准挠度默认为 1mm 不变。同时可直接点击加载砝码质量和标准挠度输入框，对该参数进行手动输入设置，在退出设置界面后，系统会自动存储所设置的参数。

三、实验仪器与样品

1. 实验仪器及耗材

表 3-11　实验仪器及样品

仪器及耗材	规　格	用　量
热变形、维卡软化点测定仪	HDT/V-1106 型	—
待测聚合物样条	试样厚度>3mm，面积>10mm×10mm	3~6 条
砝码	若干套	5kg/套

2. 实验仪器技术参数

(1) 测试范围：室温~250℃

（2）每次测量试样数量：6 件

（3）加热功率：7000W/220V

（4）保温浴槽等速升温：$A=(12.0\pm1)$℃/6min；$B=(5.0\pm0.5)$℃/6min

（5）静负载范围：$A=(5000\pm5.0)$g；$B=(5000\pm5.0)$g

（6）变形测量精度：0.005mm

（7）液体传热介质：甲基硅油或变压器油

四、实验步骤

1. 接通电源，使主机和控制系统接通。
2. 进入控制界面。
3. 放置试样。
4. 维卡测试过程。
5. 选择“维卡”功能，设置实验条件，启动实验，结果处理。

五、实验注意事项

1. 装卸样品支架、砝码过程中要佩戴手套。
2. 实验过程要时刻观察介质温度，防止过热。
3. 实验完毕，待油温降至 100℃以下再开冷却水冷却。

六、实验数据及处理

表 3-12　实验数据记录表

样品	1	2	3	4	5	6
软化点温度/℃						

七、思考题

1. 相同负载情况下，升温速率对测试结果有何影响，为什么？

2. 影响实验结果的因素除升温速度以外还有哪些？如何影响？

3. 塑料的维卡软化温度和热变形温度是相同的吗？当达到维卡软化温度时，聚合物呈现何种物理状态？请进行详细描述。

4. 现有 HDPE 和 LDPE 两种聚合物样条，请比较两种聚合物样条的维卡软化点高低，并解释原因。

实验 3.7　橡胶硫化特性实验

一、实验目的

1. 深刻理解橡胶的硫化特性及其意义。
2. 熟悉橡胶硫化仪的结构和工作原理。
3. 熟练操作硫化仪和准确处理硫化曲线。
4. 能运用高分子物理专业知识进行实验过程和结果的解析，并分析影响因素。

二、实验原理

橡胶硫化是橡胶加工中最重要的工艺过程之一。硫化是橡胶的物理化学变化过程，其中主要是化学反应，经历着一系列复杂的化学交联过程。硫化结果，使未硫化胶变成硫化胶，导致橡胶由塑性物质变成弹性物质，具有良好的物理机械性能和化学性能，成为工业上有使用价值的材料。

硫化胶性能随硫化时间的长短有很大变化，一般规律是：抗张强度、抗撕裂强度首先随硫化时间增加而上升，当增至一定值后逐渐下降，伸长率、生热、变形随硫化时间增加而减少；硬度、弹性、定伸随硫化时间增加而增至某一定值。由此可见，硫化时间是表征橡胶硫化程度的标志，硫化时间的选取，决定了硫化胶性能的好坏。

典型的硫化曲线见图 3-14。图中 C 点以前的转矩变化是由硫化和老化综合作用的结果。C 点以后的变化仅是老化过程引起的，老化过程是断裂和交联的竞争过程，当断裂占优势时，转矩达到最大值后，又开始沿 CH 下降，产生所谓的返原现象；当交联占优势时，则转矩沿 CD 上升；如果断裂和交联相当，则曲线沿 CG 延伸。

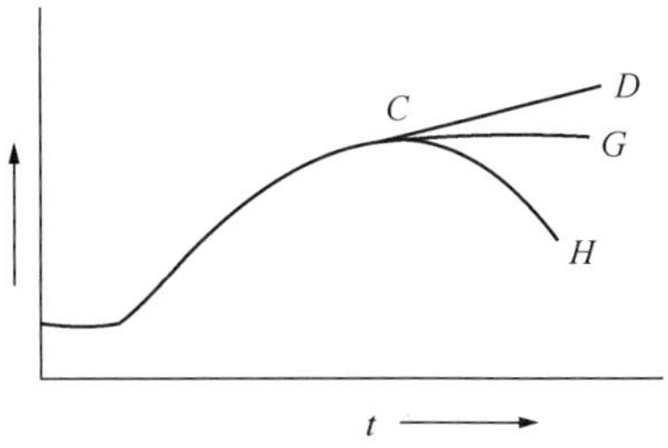

图 3-14　典型的硫化曲线

正硫化，通常是指橡胶制品的各种物理机械性能达到最佳值的硫化状态(即综合了各项性能选定的)。理论正硫化时间，则是达到正硫化状态所需的时间。欠硫或过硫，橡胶物理机械性能都显得较差。在实际应用上，由于橡胶各项性能往往不会在同一时间都达到最佳值，而且对制品的要求往往侧重于某一两个方面，因此常常侧重于某些性能来选择和确定最佳正硫化时间，显然与上述正硫化时间概念是不同的，我们称之为工艺正硫化时间或技术正硫化时间。测定正硫化程度的方法有三类：化学法、物理法和仪器法。前两种方法，虽然都能在一定程度上测定胶料的硫化程度，但存在不少缺点：一是麻烦；二是不经济；三是精度低，重现性差，尤其不能连续测定硫化全过程。随着科学技术的发展，用仪器法测定橡胶的硫化特性，即硫化焦烧时间、正硫化时间等，经过不断的改进，技术日趋完善，显示硫化仪的诸多优点，如测定快速、准确、方便、试样用料少，能连续测定硫化全过程，因此在国内外得到广泛的使用。

关于典型硫化曲线的分析和计算，硫化仪记录装置所绘出的曲线就是与剪切模量 G 成正比关系的转矩随时间变化曲线，这个曲线通常叫作硫化曲线。对硫化曲线常用平行线法进行解析，就是通过硫化曲线最小转矩和最大转矩值，分别引平行于时间轴的直线，该两条平行线与时间轴距离分别为 M_L 和 M_H。

（1）M_L——最小转矩值，反映未硫化胶在一定温度下的流动性。

（2）M_H——最大转矩值，反映硫化胶最大交联度。

焦烧时间和正硫化时间分别以达到一定转矩所对应的时间表示，如图 3-15(a)：

（1）焦烧时间 t_{s1}——从实验开始到曲线由最低转矩上升 1kgf·cm 所对应的时间。

（2）起始硫化时间 t_{c10}——转矩达到 $M_L+10\%(M_H-M_L)$ 时所对应的硫化时间。

（3）正硫化时间 t_{c90}——转矩达到 $M_L+90\%(M_H-M_L)$ 时所对应的硫化时间。

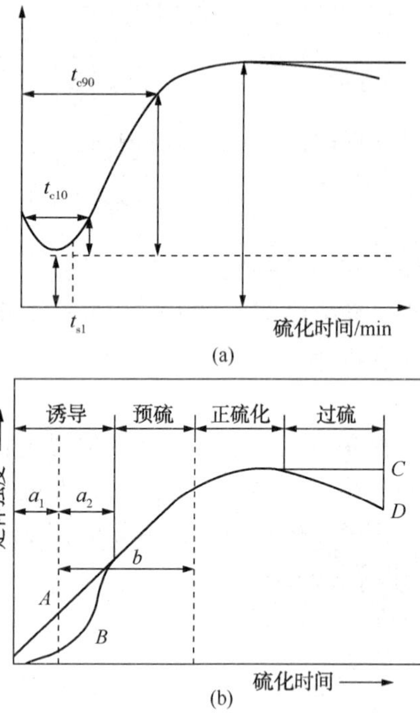

图 3-15　硫化曲线的分析和计算

A—起硫快速的胶料；B—有延迟特性的胶料；C—过硫后定伸强度继续上升的胶料；D—具有返原性的胶料

a_1—操作焦烧时间；a_2—剩余焦烧时间；b—模型硫化时间

橡胶在硫化过程中，各种性能随硫化时间增加而变化。橡胶的硫化历程可分为焦烧、预硫、正硫化和过硫四个阶段，如图 3-15(b)。

（1）焦烧阶段又称硫化诱导期，是指橡胶在硫化开始前的延迟作用时间，在此阶段胶料尚未开始交联，胶料在模型内有良好的流动性。对于模型硫化制品，胶料的流动、充模必须在此阶段完成，否则会发生焦烧。

（2）预硫阶段是焦烧期以后橡胶开始交联的阶段。在此阶段，随着交联反应的进行，橡胶的交联程度逐渐增加，并形成网状结构，橡胶的物理机械性能逐渐上升，但尚未达到预期的水平。

（3）正硫化阶段是橡胶的交联反应达到一定的程度时，此时的各项物理机械性能均达到或接近最佳的阶段，其综合性能最佳。

（4）过硫阶段是正硫化以后继续硫化，此时往往氧化及热断链反应占主导地位，胶料会出现物理机械性能下降的现象。

由硫化历程可见，橡胶处在正硫化阶段时，其物理机械性能或综合性能达到最佳值，预硫或过硫阶段胶料性能均不好。达到正硫化状态所需的最短时间为理论正硫化时间，也称正硫化点，而正硫化是一个阶段，在正硫化阶段中，胶料的各项物理机械性能保持最高值，但橡胶的各项性能指标往往不会在同一时间达到最佳值，因此准确测定和选取正硫化点就成为确定硫化条件和获得产品最佳性能的决定因素。

从硫化反应动力学原理分析，正硫化应是胶料达到最大交联密度时的硫化状态，正硫化时间应由胶料达到最大交联密度所需的时间来确定比较合理。在实际应用中是根据某些主要性能指标(与交联密度成正比)来选择最佳点，确定正硫化时间。目前用转子旋转振荡式硫化仪来测定和选取正硫化点最为广泛。这类硫化仪能够连续地测定与加工性能和硫化性能有关的参数，包括初始黏度、最低黏度、焦烧时间、硫化速度、正硫化时间和活化能等。实际上硫化仪测定记录的是转矩值，以转矩的大小来反映胶料的硫化程度。

实验时，下模腔作一定角度的摆动，在温度和压力作用下，胶料逐渐硫化，其模量逐渐增加，模腔摆动所需要的转矩也成比例增加，这个增加的转矩值由传感器感受后，变成电信号再送到记录仪上放大并记录。因此硫化仪测定记录的是转矩值，由转矩值的大小来反映胶料的硫化程度，其原理归纳如下：

（1）由于橡胶的硫化过程实际上是线性高分子材料进行交联的过程，因此用交联点密度的大小（单位体积内交联点的数目）可以检测出交联程度。根据弹性统计理论可知：

$$G=\rho RT \tag{3-8}$$

式中　G——剪切模量，MPa；

ρ——交联点密度，mol/L；

R——气体常数，8.314J/(mol · K)；

T——绝对温度，K

式中 R、T 是常数，故 G 与 ρ 成正比，只需要得出 G 就能反映交联程度。

（2）G 与转矩 M 也存在一定的线性关系，因为从胶料在模腔中受力分析可知，转子由于作正负 30°的摆动，对胶料施加一定的力使之形变，与此同时，胶料将产生剪切力、拉伸力、扭力等。这些力的合力 F 对转子将产生转矩 M，阻碍转子的转动，而且随胶料逐渐硫化，其 G 也逐渐增加，转子摆动在定应变的情况下，所需转矩也成正比例的增加。上述可用以下各公式表示并加以说明。

$$M=F \cdot S \tag{3-9}$$

式中　M——胶料阻碍转子转动的转矩，N · m；

F——胶料阻碍转子转动的综合力，N；

S——力对转子轴的垂直距离，m；

式中 S 是常数，故 M 与 F 成正比。

$$F \propto \sigma_{总} \tag{3-10}$$

F 是胶料阻碍转子转动的综合力，显而易见，是与胶料单位面积上阻碍转子转动的力（即应力 $\sigma_{总}$）成正比关系的。

胶料产生的各种应力与 G 的关系：由于 M 与 F、F 与 $\sigma_{总}$、$\sigma_{总}$ 与 G、G 与 ρ 都存在着线性关系，故 M 与 ρ 也就存在着线性关系，因此测定胶料转矩的大小就可反映胶料的交联密度。

三、实验仪器与样品

1. 实验仪器

硫化是橡胶加工中最重要的工艺过程之一。硫化胶性能随硫化时间的长短有很大变化，正硫化时间的选取，决定了硫化胶性能的好坏。测定正硫化程度的方法有 3 类：物理-化学法、物理性能测定法和专用仪器法。专用仪器法可用门尼黏度计和各种硫化仪等进行测试，由于门尼黏度计不能直接读出正硫化时间，因此大多采用硫化仪来测定正硫化时间。硫化仪是近年出现的专用于测试橡胶硫化特性的实验仪器，类型有多种，按作用原理可分为流变仪和硫化仪两大类，本实验所用设备是无转子硫化仪。

2. 实验样品及要求

(1) 未硫化胶片在室温下停放 2h 即可进行实验(不宜超过 10 天)。

(2) 从无气泡的胶片上裁取直径约 30mm、厚度约 2mm 的圆片。

(3) 试样不应有杂质、灰尘等。

四、实验步骤

1. 启动仪器

(1) 确认本仪器主机电源、气源、计算机和打印机的电源均已连接好。

(2) 把硫化仪主机右侧的电源开关打开。

(3) 打开计算机和打印机电源开关，计算机进入 MM4130C2 操作系统。

2. 设定温度量程(在两台 SR94 面板上进行)

按△或▽键，使 SV 显示为所需实验温度，再按 ENTER 键确认。

3. 加热(操作在微机控制器面板上进行)

本设置在缺省设置下自动进入加热状态，或按下 WAR 加热键，上下加热器开始加热。

4. 参数设定

在 MM4130C2 操作系统中，点击参数设定，进入参数设置状态。

(1) 输入单位名称。

(2) 选择△或▽，使相应“运行时间”“转矩量程”数值满足所需要求。

(3) 选择“自动保存”，所做实验以本次实验完成后的停止时间作为文件名自动保存在“C：\‘存储文件’\”文件夹内(8 位文件名顺序为“月-日-时-分”)；不选择“自动保存”，亦可在“文件”或“汇总”中的子菜单下进行保存，缺省设置为自动保存。

(4) 通讯端口是计算机和硫化仪主机连接端口。“通讯端口”的缺省选项是 COM1(串口 1)。如果用户占用 COM1，请将通讯端口改为其他串口。如果使用串口卡或笔记本电脑没有串口，需使用 USB 转串口线，请选择相应的串口设置。

(5) 选择“彩色打印”，打印出的曲线为彩色；不选择“彩色打印”，打印出的曲线是黑色。

(6) 选择“应用标准曲线”，界面出现一条虚线是已选择好作为标准曲线的曲线。

(7) 选择确定，回到硫化仪操作系统状态。

(没有特殊情况，请不要改变通讯端口，否则容易导致计算机通讯失败。)

5. 校准仪器(仪器校准不需经常进行，可几个月或半年校核一次)

(1) 打开主机箱，去掉控制器上的第 14、15 号线。(注：该线必须去掉，否则会导致仪器损坏。)

(2) 把标定器放入模腔中，下端与下模腔十字沟槽对准。

(3) 松动标定器中间螺钉，使上端与上模腔沟槽对准，拧紧中间螺钉。

(4) 拧紧上螺钉和下螺钉。

(5) 按开始键(主机面板或计算机屏幕上皆可)，观察计算机屏幕上显示转矩数值与标定器上所标转矩值是否相等。若不相等，可用小螺丝刀旋转电位器直至二者相等。(电位器：用钥匙打开主机箱，中间控制器塑料外壳小孔处即电位器所在。)

(6) 完成以后，将标定器上所有螺钉松开，取下标定器，将 14 号、15 号线接上。

6. 开始实验

(1) 进入实验等待状态。根据需要分别输入：存储文件夹、胶料名称、实验温度、实验员等。(注：在本次实验做完之前输入为有效；不输入存储文件夹名称时，以胶料名称为存储文件夹名称。)

(2) 称胶料：用天平称 4g 胶料。(注：初次使用时，检查一下做完的胶样是否饱满或挤出太多，根据胶料密度适当增减。)

(3) 温度升至设定值后，放入胶料。

(4) 按开始键(计算机显示屏幕或微机控制器面板上均可)，开始实验。(注：开始键相当于气缸键、加热键、电机键同时按下，关掉其中任何一个，实验停止。)

(5) 结束实验：实验进行到设定的运行时间，待模腔自动打开，取出胶片，本次实验结束；或未到设定时间，也可按停止键(主机面板或计算机屏幕上皆可)停止实验。

(6) 单个实验的保存和打印：实验结束后，可选择“单个实验”下拉菜单中的“保存”，弹出文件框后，输入文件名，选择“确认”，该曲线即被保存为 * LLP 文件。如果在“参数设置”中选中“自动保存”，该曲线自动保存到指定的文件夹内。若该曲线不需保存，则实验结束后可打印该曲线，选择“单个实验”的下拉菜单“打印”即可。如果打印已保存文件，可先选择“单个实验”下拉菜单中的“打开文件”，打开需要打印曲线的文件名，该曲线即显示在屏幕上，再选择“单个实验”下拉菜单中的“打印”即可。

五、实验注意事项

1. 操作过程带防护手套，防止烫伤。
2. 实验完毕要及时清理上下模腔内的残留物。
3. 仪器长时间不用应喷涂防锈剂。

六、实验数据及处理

硫化仪记录装置所绘出的曲线就是与剪切模量 G 成正比关系的转矩随时间变化曲线，这个曲线通常叫作硫化曲线，绘图仪自动打印 t_{c10}、t_{c90}的时间。

实验数据的记录及计算内容包括如下：

(1) 仪器型号。

(2) 胶料名称及胶料质量(g)。

(3) 转矩量程(N · m)及合模力(kN)。

(4) 测试温度(℃)。

(5) 实验现象(附橡胶硫化曲线图)。

（6）数据处理(按数据处理表格填写)。

表 3-13　实验数据记录表

实验序号	1	2	3	4	5
测试温度/℃					
最小转矩(M_L)/(N·m)					
最大转矩(M_H)/(N·m)					
(M_H-M_L)×10%+M_L/(N·m)					
(M_H-M_L)×90%+M_L/(N·m)					
焦烧时间(t_{s1})/min					
正硫化时间(t_{c90})/min					

七、思考题

1. 橡胶硫化特性的测定有何实际意义？
2. 影响硫化特征曲线的主要因素是什么？
3. 硫化曲线分几段？各段曲线反映胶料的什么特性？
4. 不同胶种胶料的硫化温度是如何确定的？依据是什么？

实验 3.8　塑料拉伸强度及断裂伸长率测定

一、实验目的

1. 了解聚合物材料应力-应变曲线特点。
2. 了解试验速度对应力-应变曲线的影响。
3. 掌握拉伸强度及断裂伸长率的意义，熟悉测试方法。
4. 能够通过测试应力-应变曲线来判断不同聚合物的力学性能。

二、实验原理

为了评价聚合物材料的力学性能，通常用等速施力下所获得的应力-应变曲线来进行描述。所谓应力是指拉伸力引起的在试样内部单位截面上产生的内力；而应变是指试样在外力作用下发生形变时，相对其原尺寸的相对形变量。不同种类聚合物有不同的应力-应变曲线。

等速条件下，无定形聚合物典型的应力-应变曲线如图 3-16 所示。

图 3-16 中的 a 点为弹性极限，σ_a 为弹性极限强度，ε_a 为弹性极限伸长率。在 a 点前，应力-应变服从胡克定律：

$$\sigma = E\varepsilon \tag{3-11}$$

式中　σ——应力，MPa；

ε——应变，%；

E——弹性模量，MPa。

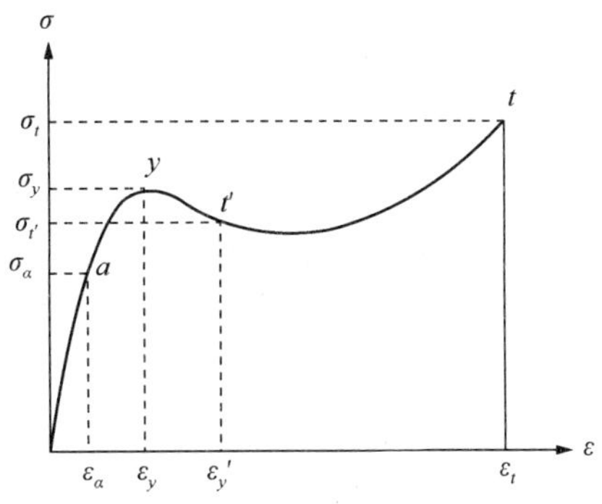

图 3-16　无定形聚合物的应力-应变曲线

曲线斜率 E 反映材料的硬度。y 称屈服点，对应的 σ_y 和 ε_y 称屈服强度和屈服伸长率。材料屈服后，可在 t 点处，也可在 t' 点处断裂。因而视情况，材料断裂强度可大于或小于屈服强度。ε_t 称断裂伸长率，反映材料的延伸性。

从曲线的形状以及 σ_t 和 ε_t 的大小，可以判别材料的性能，并借以判断它的应用范围。如从 σ_t 的大小，可以判断材料的强与弱；而从 ε_t 的大小，更正确地讲是从曲线下的面积大小，可判断材料的脆性与韧性。从微观结构看，在外力的作用下，聚合物产生大分子链的运动，包括分子内的键长、键角变化、分子链段的运动以及分子间的相对位移。沿力方向的整体运动（伸长）是通过上述各种运动来达到的。由键长、键角产生的形变较小（普弹形变），而链段运动和分子间的相对位移（塑性流动）产生的形变较大。材料在拉伸到破坏时，链段运动或分子位移基本上仍不能发生，或只是很小，此时材料就脆。若达到一定负荷，可以克服链段运动及分子位移所需要的能量，这些运动就能发生，形变就大，材料就韧。如果要使材料产生链段运动及分子位移所需要的负荷较大，材料就较强及硬。

结晶性高聚物的应力-应变曲线分三个区域，如图 3-17 所示。

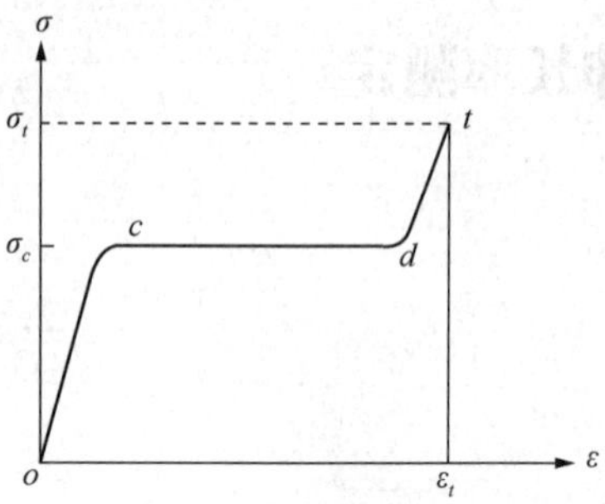

图 3-17 结晶型聚合物的应力-应变曲线

图 3-17 中，oc 段曲线的起始部分，近似直线，属普弹变形，是由于分子的键长、键角以及原子间的距离改变所引起的，其形变是可逆的，应力与应变之间服从胡克定律。

微晶在 c 点以后将出现取向或熔解，然后沿力场方向进行重排或重结晶，故 σ_c 称重结晶强度，它同时也是材料"屈服"的反映。从宏观上看，材料在 c 点将出现细颈，出现细颈现象的本质是分子在该处发生取向结晶，使该处强度增大。随着拉伸的进行，细颈不断发展，至 d 点细颈发展完全，此阶段应力几乎不变，而变形增加很大。

在 dt 段，被均匀拉细后的试样，分子进一步取向，应力随应变的增大而增大，直到断裂点 t，试样被拉断，t 点的应力称为强度极限，即抗拉强度或断裂强度 σ_t，是材料重要的质量指标。其计算公式为：

$$\sigma_t = P/(b \times d) \tag{3-12}$$

式中 P——最大破坏载荷，N；

b——试样宽度，mm；

d——试样厚度，mm。

断裂伸长率 ε_t 是试样断裂时的相对伸长率，ε_t 按下式计算：

$$\varepsilon_t = (F-G)/G \times 100\% \tag{3-13}$$

式中 G——试样标线间的距离，mm；

F——试样断裂时标线间的距离，mm。

对于结晶聚合物，当结晶度非常高时(尤其当晶相为大的球晶时)，会出现聚合物脆性断裂的特征。总之，当聚合物的结晶度增加时，模量将增加，屈服强度和断裂强度也增加，但屈服形变和断裂形变却减小。

聚合物晶相的形态和尺寸对材料的性能影响也很大。同样的结晶度，如果晶相是由很大的球晶组成，则材料表现出低强度、高脆性倾向。如果晶相是由很多的微晶组成，则材料的性能有相反的特征。

另外，聚合物分子链间的化学交联对材料的力学性能也有很大的影响。这是因为有化学交联时，聚合物分子链之间不可能发生滑移，黏流态消失。当交联密度增加时，对于 T_g 以上的橡胶态聚合物来说，其抗张强度增加，模量增加，断裂伸长率下降。交联度很高时，聚合物成为三维网状链的刚硬结构。因此，只有在适当的交联度时抗张强度才有最大值。

综上所述，材料的组成、化学结构及聚集态结构都会对应力与应变产生影响。即使是同一品种，由于它们的交联度、结晶度、增塑剂含量及相对分子质量的大小不同而表现出不同的结果。另外，不同的测定条件(试验温度和试验速度)对聚合物应力-应变曲线也有很大的影响。塑料属于黏弹性材料，它的力学松弛过程不仅与试验温度有关，且与时间即试验速度有关。当升高温度时，分子链段的热运动增加，松弛过程进行得较快，在拉伸试验中就表现出较大的变形和较低的强度；或者当减慢拉伸速度时，使外力作用时间延长，即松弛过程进行得较快，在拉伸试验中就表现出较大的变形和较低的强度。但不同的塑料其影响程度不同。

归纳各种不同类聚合物的应力-应变曲线，主要有以下 5 种类型，如图 3-18 所示。应力-应变实验所得的数据也与温度、湿度、拉伸速度有关，因此，应规定一定的测试条件。

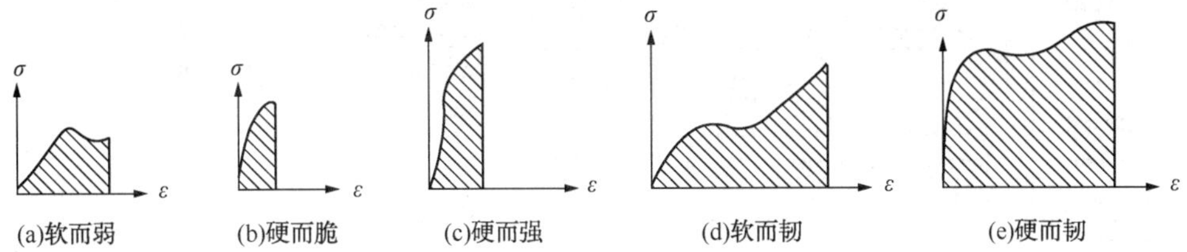

图 3-18　5 种类型聚合物的应力-应变曲线

三、实验仪器与样品

表 3-14　实验仪器及样品

仪器及耗材	规　格	用　量
电子式万能材料试验机①	E43. 104	1 个
游标卡	0. 02mm	1 个
HDPE 标准试样	双铲型标准试样②	3 个
PP 标准试样	双铲型标准试样②	3 个
无定形 PS 标准试样	双铲型标准试样②	3 个

① 试验机见图 3-19。

② 标准试样见图 3-20。

1. 试验机的结构、操作规程。

（1）主机结构见图 3-19。

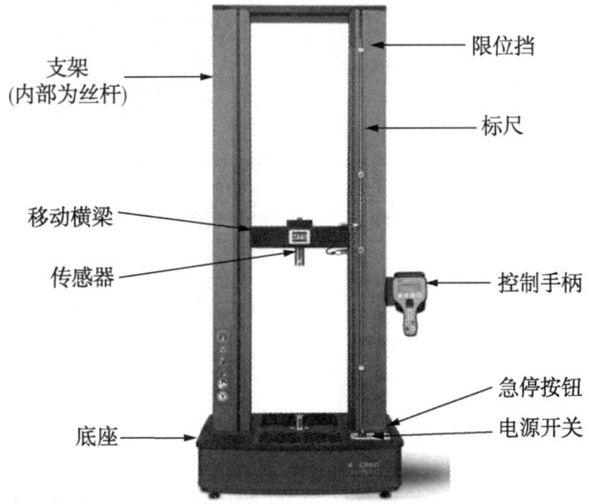

图 3-19　微机控制电子万能试验机

（2）软件操作界面：

测试模式选择界面：

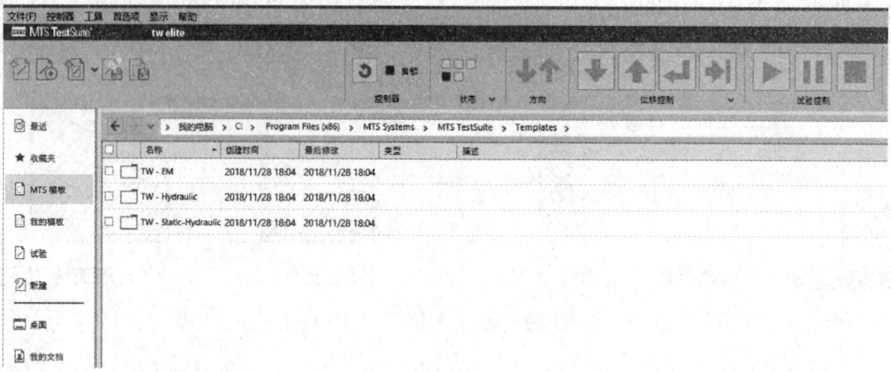

参数设置及运行界面：

测试结果分析界面：

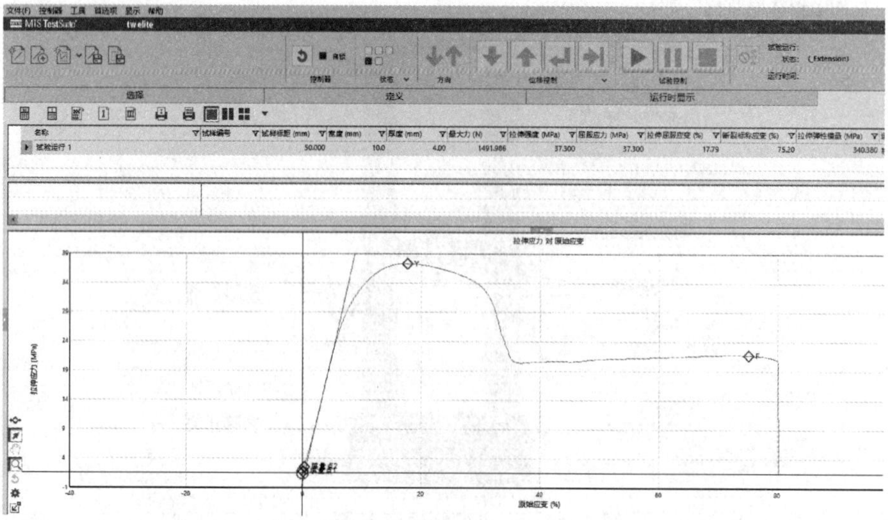

2. 试样如图 3-20 所示。

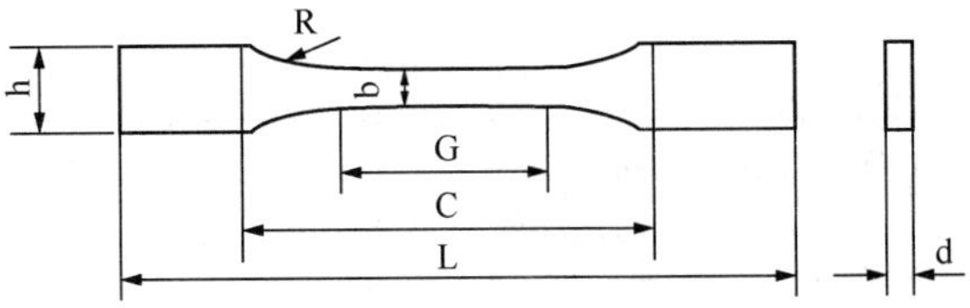

图 3-20　标准试样示意图

L——总长度(最小)，150mm；

b——试样中间平行部分宽度，10±0. 2mm；

C——夹具间距离，115mm；

d——试样厚度，2～10mm；

G——试样有效距离，50±0. 5mm；

h——试样端部宽度，20±0. 2mm；

R——半径，60mm。

四、实验步骤

1. 准备 A、B 两组试样。

2. 用游标卡尺量样条中部左、中、右三点的宽度和厚度，精确到 0. 02mm，取平均值。试样应编号，标出有效距离 50mm 和夹具间距离 115mm。

3. 实验参数设定：

(1) 接通电源，启动试验机按钮，启动计算机。

(2) 双击桌面上“TW Elite”图标进入系统主界面；选择测试模式，设置测试参数“试验编号”“试样类型”“试样厚度和宽度”等。

4. 装夹试样：用控制手柄或者软件界面将横梁运行到适当的位置，将样品在上下夹具上夹牢。夹试样时，应使试样的中心线与上下夹具中心线一致。

5. 试验：点击负荷清零和变形清零，点击开始试验，进行拉伸试验，观察拉伸过程的变形特征，直到试样断裂为止，记录试验数据。

6. 结果分析：测试结束后，软件自动进入结果分析界面，上部显示测试数据，下部显示应力-应变曲线。

7. 改变速度，重复做第二组试样。

五、实验注意事项

1. 试验前注意把急停限位器调整到合适位置，防止试验过程中上横梁触碰到限位器而停止测试。

2. 装样过程要锁住横梁，互相配合，集中精神，防止夹具夹伤。

3. 开始试验前要确保位移、负荷已清零。

4. 试验结束切记不要点击“横梁回到初始位置”，以防上下夹具发生碰撞。

六、实验数据及处理

表 3-15　实验数据记录表

试样编号	样品宽度 (*b*)/mm	样品厚度 (*d*)/mm	样品面积/mm	拉伸速度/(mm/min)	拉伸强度/MPa	屈服应力/MPa	断裂应力/MPa	断裂伸长率/%	备注

七、思考题

1. 如何根据聚合物材料的应力-应变曲线来判断材料的性能?

2. 在拉伸实验中，如何测定模量?

3. 拉伸强度与断裂伸长率会随拉伸速度的改变而变化吗? 为什么?

4. 结晶聚合物(如 PE)与无定形聚合物(如 PS)的应力-应变曲线有何不同? 塑料与橡胶呢?

实验 3.9　高聚物的动态热机械分析

一、实验目的

1. 熟悉动态热机械分析仪(DMA)的基本结构和工作原理。
2. 掌握 DMA 仪器的操作规程，了解不同样品的测试方法。
3. 根据测试结果对材料的黏弹性能进行分析。

二、实验原理

动态热机械分析仪是研究物质的结构及其物理化学性质最常用的研究方法之一，主要用于表征温度或频率与力学松弛和分子运动的关系。其主要过程为：在程序控温下，对样品施加单频或多频的振荡力，研究样品的机械行为，测定其储能模量、损耗模量和损耗因子随温度、时间或力的频率的函数关系。主要用于评价高聚物材料的使用性能、研究材料结构与性能的关系、共混相容性和热转变行为：①研究高聚物的玻璃化转变、熔融、结晶行为，测定玻璃化转变温度 T_g；②研究共聚物和共混物的组成、形态以及相互作用和共混相容性；③研究聚合物线性黏弹性行为，测定储能模量 E'、损耗模量 E''和损耗因子 $tg\delta$；④研究聚合、固化、交联、氧化、分解等反应，测定反应温度或反应温区、反应热、反应动力学参数。

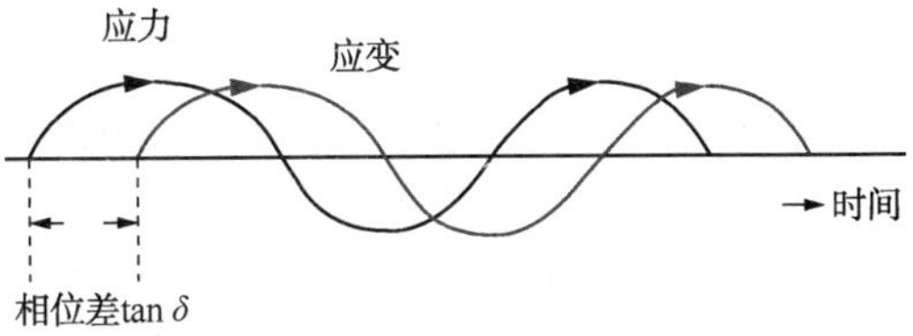

图 3-21　应力与应变随时间的变化情况

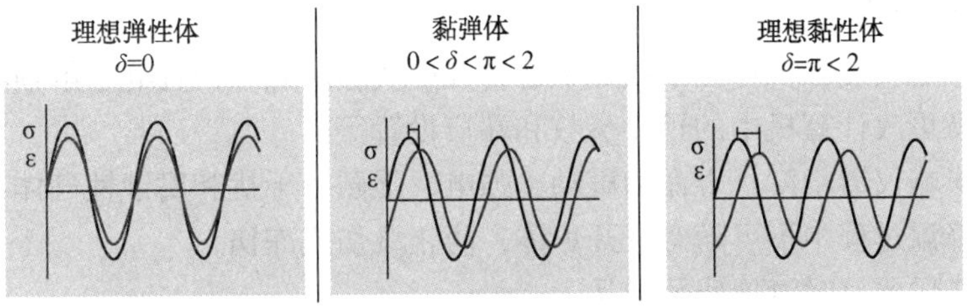

图 3-22　不同材料的应力与应变随时间变化情况

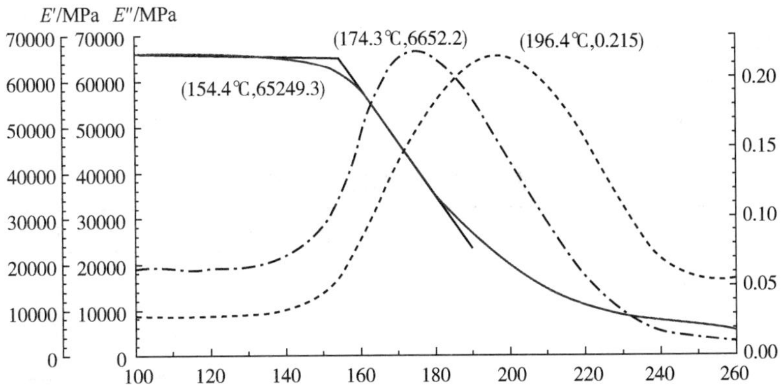

图 3-23　DMA 典型图谱

三、实验仪器与样品

表 3-16　实验仪器及样品

仪器及耗材	规　格	要　求
动态热机械分析仪	DMA242E 型(德国耐驰有限公司)	
待测聚合物样条	规则的长方形样条(例如橡胶硫化后样条)	根据需求记录样条厚度、长度和宽度

力范围：0.0001～18N；应变范围：0.5～10mm；频率范围：0.01～200Hz；温度范围：-170～400℃。

四、实验步骤

1. 依次打开 DMA 控制器、液氮控制器、常规控制器，打开电脑，然后打开测试软件，软件自检完成后，系统自动连接。

2. 打开炉体，根据测试模式选择相应的样品支架并安装。

3. 测试条件设置：

(1) 点“仪器设置”按钮，选择相应的样品支架。

(2) 点“测量设置”按钮，编辑测试条件。

(3) 测试设置完成后进入偏移量调整，根据提示插入测试样品后点击“下一步”。

(4) 进入动态参数的自动优化调整，待系统调整完成后点“开始”，开始试验。

4. 测试完成待炉体温度降至室温时打开炉体，清理测试样品，然后关闭炉体。

5. 关闭测试软件，依次关闭常规控制器、液氮控制器、DMA 控制器，最后关闭电脑。

五、实验注意事项

1. 装样时一定要确保推杆处于锁定状态，开始实验时确保推杆处于解锁状态。

2. 不得随意更改计算机中的预设参数和端口设置等。

3. 不得有影响仪器精度、寿命的震动、强电、强磁场干扰和腐蚀性气体存在。

4. 升温或降温过程中不可随意打开炉体，防止烫伤或冻伤。

5. 实验完成后要及时清理残留样品。

六、实验数据及处理

(1) 储能模量 E' 曲线起始温度。

(2) 损耗模量 E'' 曲线峰值温度。

(3) tgδ 曲线的峰值温度。

表 3-17　实验数据记录表

序号	E' 曲线起始温度/℃	E'' 曲线峰值温度/℃	tgδ 曲线峰值温度/℃
1			
2			
3			

七、思考题

1. 动态热机械分析(DMA)的基本原理是什么?
2. 动态热机械分析在高分子材料分析中有哪些应用?
3. 画出本实验所用聚合物的 DMA 曲线(温度谱)。
4. 如何用 DMA 判断两种聚合物是否相容?

实验 3.10　塑料冲击强度测定

一、实验目的

1. 加深对塑料冲击强度概念的理解。
2. 熟悉聚合物的冲击强度测试原理。
3. 掌握简支梁冲击试验机的操作方法及其结果处理。
4. 了解测试条件对结果的影响。
5. 能运用高分子物理专业知识进行实验过程和结果的解析，并分析影响因素。

二、实验原理

冲击实验是在冲击负荷的作用下测定材料的冲击强度的实验。在实验中对高聚物试样施加一次冲击负荷使试样破坏，记录下试样破坏时或过程中试样单位面积所吸收的能量，即得到冲击强度。冲击强度是高分子材料的一项很重要的性能指标，可评价材料的抗冲击能力，判断其脆性和韧性程度。

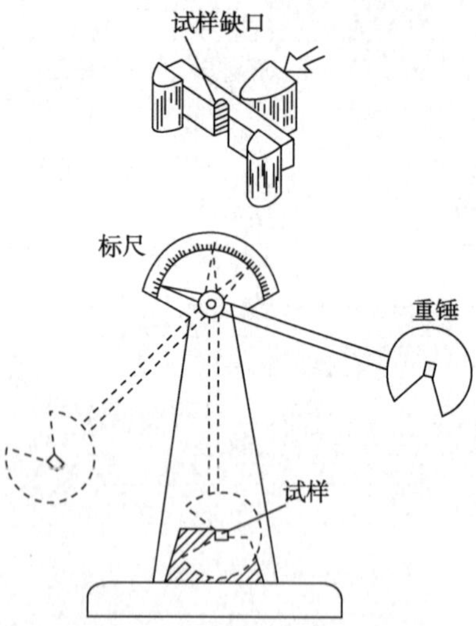

图 3-24　简支梁冲击试验工作原理示意图

冲击实验的方法很多，根据试样的受力状态不同，可分为摆锤式弯曲冲击(简支梁冲击 GB 1043 和悬臂梁冲击 GB 1843)、拉伸冲击和剪切冲击，本实验采用简支梁冲击 GB 1043 方法，工作原理如图 3-24 所示。

简支梁冲击试验机的基本构造由机身、试样支座、冲击摆、测量装置及操纵机构五部分组成。如图 3-24 所示，试验机基本原理是把摆锤抬高置挂于机架的扬臂上以后，此时扬角为 α，它便获得了一定的位能。当摆锤自由落下，则位能转化为动能将试样冲断。冲断试样后，摆锤仍以剩余能量升到一定高度，升角为 β，在整个冲击试验过程中，按照能量守恒定律，试样所消耗冲击能量按下式计算：

$$E=P_d(\cos\beta-\cos\alpha) \tag{3-14}$$

式中　P_d——冲击摆锤力矩(常数)；

α——冲击摆锤扬角；

β——冲击实验后摆锤升起的角度。

本试验机中由于摆的冲击常数 P_d、冲击前摆锤扬角均为常数，因此只要测出冲断试样后的摆锤升角，即可根据上述公式计算出试样冲断时所消耗的能量。本试验机刻度盘的刻度就是根据上述原理进行计算的，因此我们实验时就可以直接从刻度盘中读出冲击能量。注意，本公式仅在最大冲击能量小于 5J 时适用。

三、实验仪器与样品

1. 实验设备

（1）XJJ-5 简支梁冲击试验机

（2）游标卡尺

2. 试样

试样材料可采用 PP、PE、PS、PVC 等，试样类型及尺寸、缺口类型及尺寸参照 GB/T 1043—2018 执行。

表 3-18　试样类型和试样尺寸以及相应的支撑线间的距离　　mm

试样类型	长度(l)		宽度(b)		厚度(d)		支撑线间距离
	基本尺寸	极限偏差	基本尺寸	极限偏差	基本尺寸	极限偏差	
1	80	±2	10	±0. 5	4	±0. 2	60
2	50	±1	6	±0. 5	4	±0. 2	40
3	120	±2	15	±0. 5	10	±0. 5	70
4	125	±2	15	±0. 5	13	±0. 5	95

表 3-19　试样缺口类型和缺口尺寸　　mm

试样类型	缺口类型	缺口剩余厚度(d_k)	缺口底部圆弧半径(r)		缺口宽度(n)	
			基本尺寸	极限偏差	基本尺寸	极限偏差
1~4	A B	0. 8d	0. 25 1. 0	±0. 05		
1、3 2	C C	2/3d	≤0. 1		2 0. 8	±0. 2 ±0. 1

四、实验步骤

1. 试样准备及处理

（1）按标准 GB/T 1043—2018 要求，用注射成型方法制备冲击试样。试样表面平整、无气泡、裂纹、无分层和明显杂质，缺口试样缺口处应无毛刺。

（2）测量试样中间部位的宽和厚，准确至 0. 05mm，缺口试样测量缺口的剩余厚度。

（3）每组试样不少于 5 个。

2. 测试

（1）根据试样的冲击韧性，选用适当的冲击摆，并使试样所吸收的能量在冲击摆总能量的 10%~85%范围内。

（2）根据试样的类型，选用相应的钳口，用对中样板按标准规定调节好跨度(支撑线间距离)。

（3）放好试样，试样宽面紧贴在支座上，使冲击摆上的刀刃对准试样缺口背向的中心位置，然后把冲击摆扬起150°至定位机构。

（4）校验冲击试验机的零点，把指针拨到刻度盘上零的位置，且每做一个试样校准一次。

（5）一切准备好之后，按动放摆开关，冲击摆即可自由落下进行冲击试验。试样冲断后，由刻度盘读取冲断试样所消耗的功。凡试样未被冲断或未断在三等分中间部分或缺口处的，该试样作废，另补试样试验。

3. 数据处理

（1）无缺口实验冲击强度

$$A=\frac{E}{b\times d}\times 10^3(\text{kJ/m}^2) \tag{3-15}$$

式中 E——试样吸收的冲击能量，J；

b——试样宽度，mm；

d——试样厚度，mm。

（2）有缺口实验冲击强度

$$A_k=\frac{E_k}{b\times d_k}\times 10^3(\text{kJ/m}^2) \tag{3-16}$$

式中 E_k——试样吸收的冲击能量，J；

b——试样宽度，mm；

d_k——缺口试样缺口处剩余厚度，mm。

4. 侧向缺口实验冲击强度

$$A_k=\frac{E_k}{b_k\times d}\times 10^3(\text{kJ/m}^2) \tag{3-17}$$

式中 E_k——试样吸收的冲击能量，J；

b_k———侧向缺口试样缺口处剩余宽度，mm；

d——试样厚度，mm。

五、实验注意事项

1. 当摆动轴承定期未清洗摆动不灵活，造成能量损失超差时，用前应清洗并加油。

2. 摆锤举起后，人体各部分不要伸到冲击摆下面，冲击过程中注意避免试样的碎片伤人。

六、实验数据及处理

1. 试样名称、规格、制样方法。

2. 实验设备型号和实验条件。

3. 观察实验现象，做好原始记录，计算实验结果。

表 3-20　实验数据及结果记录表

试样编号	试样宽度(b)/mm	试样缺口处剩余厚度(d_k)/mm	冲击能力(E_k)/J	冲击强度(A_k)/(kJ/m^2)
1				
2				
3				
4				
5				

七、思考题

1. 实验中有哪些影响因素?

2. 当实验中最大冲击能量小于或等于 5J 时，计算试样消耗的冲击能量时还应考虑哪几个方面的影响?

3. 聚合物结构对冲击强度的影响有哪些?

4. 提高聚合物冲击强度的方法有哪些?请至少写出 2 种方法。

实验 3.11 塑料洛氏硬度测定

一、实验目的

1. 了解塑料洛氏硬度测定的方法原理。
2. 掌握测定塑料洛氏硬度的操作方法。
3. 熟悉影响测定结果误差的因素。
4. 能对实验结果进行解析，并分析影响因素。

二、实验原理

塑料硬度是指塑料抵抗其他较硬物体压入的能力。硬度之大小是塑料软硬程度的有条件性的定量反映。常用的测定高分子材料硬度的实验方法有邵氏硬度、球压痕硬度、洛氏硬度和巴柯尔硬度实验等。

塑料洛氏硬度的测定，是在先后二次施加试验力(初试验力 F_0及总试验力 F)的作用下，将一定直径的钢球压头压入试样或制品表面，在总试验力保持一定的时间后，卸除主试验力 F_1，保留初试验力，测量其压入深度 h_1，以压入深度 h_1和在初试验力作用下的压入深度 h_0之差 e 表示洛氏硬度的高低(e 值大，硬度值低，e 值小，则硬度值高)。e 的测量单位为 0.002mm，可以从指示表盘上直接读出。其作用原理见图 3-25。

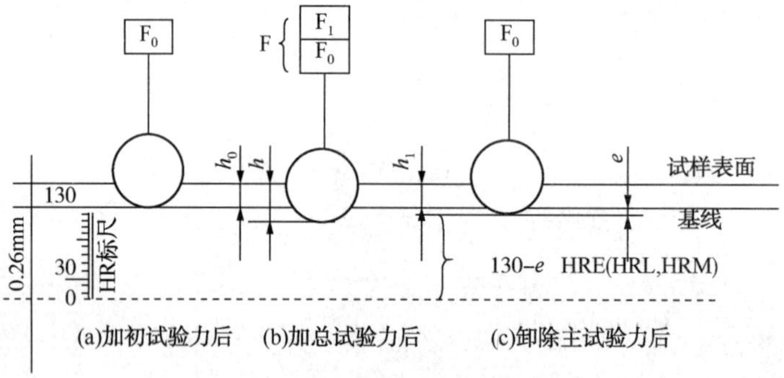

图 3-25 钢球压头试验原理

洛氏硬度试验公式：

$$\text{HRE(L、M、R)} = 130 - \frac{e}{0.002} \tag{3-18}$$

三、实验仪器与样品

表 3-21 实验仪器和样品

仪器及耗材	规 格	用 量
聚丙烯标准试样	40mm×40mm×4mm	1 块
洛氏硬度计	XHR-150	一台

四、实验步骤

1. 样品的准备，本实验选用 40mm×40mm×4mm 的聚丙烯标准试样块。

2. 仪器观摩，了解 XHR-150 塑料洛氏硬度计各组成部分的作用和大致结构(如图 3-26 所示)，了解实验操作要点，了解洛氏硬度读数方法。

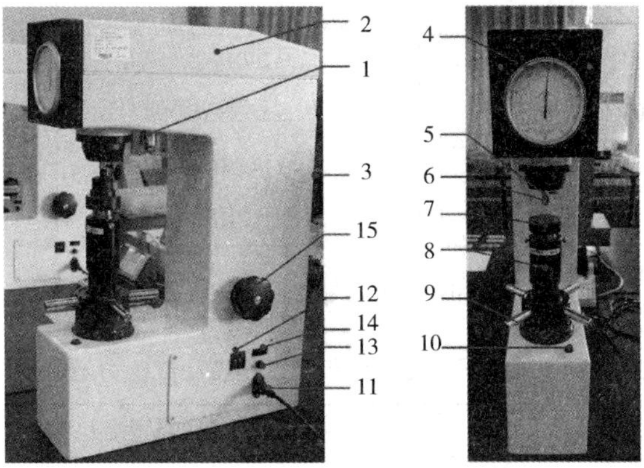

图 3-26　XHR-150 塑料洛氏硬度计

1—照明灯；2—上盖；3—后盖；4—表盘；5—压头止紧螺钉；
6—球压头；7—试台；8—螺杆保护罩；9—旋轮；10—启动按钮；
11—电源插座；12—电位器；13—保险丝；14—船形开头；15—变荷手轮

3. 聚丙烯标准试样洛氏硬度的测定：

① 将硬度计接上电源(11)，打开船形开关(14)，指示灯(1)亮。

② 根据软硬程度按表 3-22 和表 3-23 选择标尺，确定球压头、初试验力、总试验力。

③ 顺时针转动变荷手轮(15)，确定总试验力，安装球压头(6)。

④ 将 40mm×40mm×4mm 聚丙烯标准试样平稳地放在工作台(7)上。

⑤ 顺时针转动旋轮(9)使工作台缓缓上升，试样与压头接触，直至硬度计百分表小指针从黑点移到红点，与此同时长指针转过三圈垂直指向“30”处，此时以施加了 98.07N 初试验力，长指针偏移不得超过 5 个分度值，若超过此范围不得倒转，改换测点位置重做。

⑥ 转动硬度计表盘(4)，使指针对准“30”位置。

⑦ 按启动按钮(10)，电机开始运转，自动加主试验力，指示照明灯熄灭。

⑧ 当总试验力保持时，蜂鸣器发出“嘟”“嘟”声响，总试验力保持时间为 15s。

⑨ 总试验力保持时间到，电机转动，自动卸除主试验力，指示照明灯亮。

⑩ 再等 15s，蜂鸣器声响，立即读取长指针指向的数值。

⑪ 塑料洛氏硬度示值的读数，应分别记录加主试验力后长指针通过“0”点的次数及卸除主试验力后长指针通过“0”点的次数并加减，按下面方法读取硬度示值：

(a) 差值是零，标尺读数加 100 为硬度值；

(b) 差值是 1，标尺读数即为硬度值；

(c) 差值是 2，标尺读数减 100 为硬度值。

⑫ 反向旋转旋轮(9)手柄，使试验台下降，更换测试点，每个测试点中心距及到边缘的距离不小于10mm，重复上述操作。注意：在每个试件上的测试点不少于5点(第一点不算)。

4. 塑料洛氏硬度计的示值允差和重复性要求见表3-22。

表3-22 塑料洛氏硬度计的示值允差和重复性要求

标尺	标准硬度块硬度范围	硬度计示值允差	示值重复性不大于
HRE	70~94HRE	±2.0HRE	2.5HRE
HRL	100~120HRL	±1.2HRL	1.5HRL
HRM	85~110HRM	±1.5HRM	2.0HRM
HRR	114~125HRR	±1.2HRR	1.5HRR

5. 塑料洛氏硬度试验标尺、压头、试验力及应用范围见表3-23。

表3-23 塑料洛氏硬度试验标尺、压头、试验力及应用范围

标尺	球压头/mm	初试验力/N	总试验力/N	应用范围
HRE	$\phi3.175$	98.07	980.7	硬塑料、硬橡胶、合成树脂、铝、铜、锡
HRL	$\phi6.35$		588.4	
HRM	$\phi6.35$		980.7	
HRR	$\phi12.7$		588.4	

6. 实验结束：

(1) 实验结束，将测试完的样品收好，并清理干净样品台。

(2) 安装好球压头保护套，关闭船型开关，关闭仪器电源。

(3) 打扫实验室，填写《仪器设备使用记录表》。

五、实验注意事项

1. 所要实验的表面与压头应垂直，同时所要试验的试样在施加主负荷时不发生微小的移动或滑动。

2. 在硬度测试中，加试验力、保持试验力、卸除试验力时，严禁转动变荷手轮。

六、实验数据及处理

表3-24 实验数据记录表

序号	读数/N	硬度值/N
1		
2		
3		
4		

续表

序号	读数/N	硬度值/N
5		
6		

七、思考题

1. 塑料硬度不同时，怎样选择试验标尺和球压头？
2. 影响测定结果误差的因素有哪些？
3. 塑料洛氏硬度的优缺点有哪些？
4. 你对于塑料洛氏硬度测定的建议有哪些？

实验 3.12 聚合物熔融指数的测定

一、实验目的

1. 掌握测定聚合物熔融指数的方法。
2. 学会使用 XNR-400A 型熔体流动速率仪。
3. 了解热塑性塑料在熔融状态时流动黏性的特性及其重要性。
4. 能运用高分子物理专业知识进行实验过程和结果的解析，并分析影响因素。

二、实验原理

熔融指数指热塑性高聚物在一定温度、一定压力下，熔体在 10min 内通过标准毛细管的质量值，其单位为"g/10min"，习惯上用"*MI*"表示。

熔融指数(*MI*)可按下列计算：

$$MI = W \times 600 / t (\mathrm{g/10min}) \tag{3-19}$$

式中 W——三个样条质量的算术平均值，g；

t——取样条时间间隔，s。

同一种聚合物可以用熔融指数来比较聚合物相对分子质量大小，同一类型的聚合物(化学结构一定)，其熔融指数愈小，相对分子质量就愈高，聚合物的断裂强度、硬度、韧性、耐老化稳定性、缺口冲击强度等性能都有所提高；熔融指数大，相对分子质量就小，加工性能就好一些。熔融指数用来区别各种热塑性聚合物材料在熔融状态时的流动性时，从熔融指数仪得到的流动性能数据，不能满足成型加工过程中所需要的具体数据，因为熔融指数是在低剪切速率下进行的，即剪切速率为 $2 \sim 50\mathrm{s}^{-1}$，实际成型加工是在高剪切速率下进行，即 $5\times10^4 \sim 7\times10^4\mathrm{s}^{-1}$，两者相差很大，所以熔融指数只是分类的手段。对于某一种热塑性聚合物来说，只有当熔融指数与加工条件、产品性能和经验联系起来才有实际意义。

由于熔融指数测定仪及测试方法的简易性，国内生产的热塑性树脂(尤其是聚烯烃类)，常附有熔融指数的指标。

三、实验仪器及样品

1. 仪器装置

XNR-400A 型熔体流动速率仪，该仪器是一种简易的毛细管式塑性挤出仪，其实物见图 3-27。

该型号熔体流动速率测定仪由计时系统、温控系统、负荷、切割装置四大部分组成，其具体的零部件如图 3-28 所示。在规定温度条件下，加入料筒的物料在高温热炉内加热成熔融状态，这种熔融状态的被测物，在规定的负荷砝码下通过一定直径的口模进行挤出试验。经系统设定后，每隔一定的时间 t，切料刀会自动切割从口模挤出的条形样品。切取 3~5 段样品后即可求平均质量，得到熔融指数。

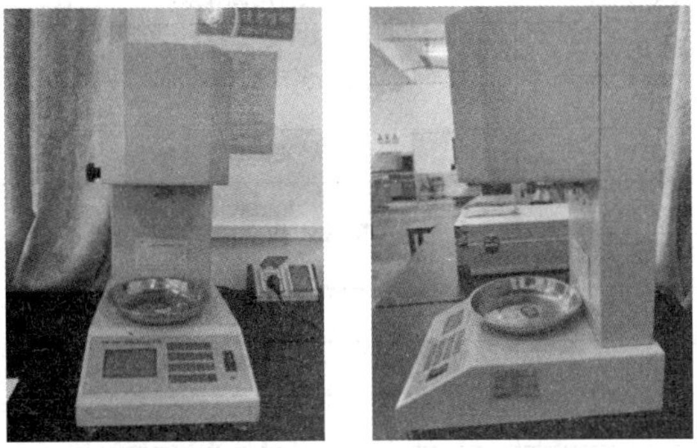

(a)主视图　　(b)侧视图

图 3-27　XNR-400A 型熔体流动速率仪

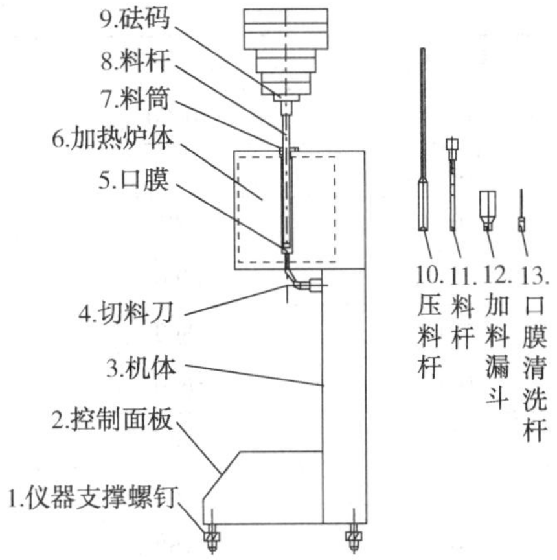

图 3-28　XNR-400A 型熔体流动速率仪结构示意图

2. 试样

试样是能放入圆筒中的热塑性粉料、粒料、条状薄片或模压块料。根据熔融指数的大小取试样量，其关系可见表 3-25。

表 3-25　试样质量与熔融指数的关系

熔融指数/(g/10min)	圆筒中试样质量/g	毛细管孔径/mm
0.1~1.0	3~4	2.095
1.0~3.5	4~5	2.095
3.5~25	6~8	2.095
> 25	6~8	1.18

3. 测试条件

(1) 温度、负荷的选择：测试温度选择的依据，首先要考虑热塑性聚合物的流动温度。所选择温度必须高于所测材料的流动温度，但不能过高，否则易使材料在受热过程中分解。负荷选择要考虑到熔体黏度的大小(即熔融指数大小)，对黏度大的试样，应取较大的负荷。例如：聚乙烯熔融指数小于 10 温度、负荷选择就要大些，一般取 190℃/2160g；熔融指数在 10~80 之间，一般用 190℃/325g；熔融指数大于 80 以上，就取 125℃/325g。ASTM D-1238 方法中，将温度、负荷及适用塑料的范围用表 3-26 形式分成若干类。

表 3-26　一些高聚物熔融指数测定的标准条件(ASTM D-1238)

温度/℃	荷重/g	压力/(kgf/cm^2)	适用高聚物
125	325	0.46	聚乙烯
125	2160	3004	
190	325	0.46	聚乙烯、纤维素酯
190	2160	3.04	
190	21600	30.04	

续表

温度/℃	荷重/g	压力/(kgf/cm²)	适用高聚物
190	10000	14.06	聚醋酸乙烯酯
150	2160	3.04	
200	5000	7.03	聚苯乙烯、ABS
230	1200	1.69	聚苯乙烯、丙烯酸树脂
230	3800	5.34	
190	5000	7.03	聚苯乙烯
265	12500	17.58	聚三氟乙烯
230	2160	3.04	聚丙烯
190	2160	3.04	聚甲醛
190	1050	1.48	
300	1200	1.69	聚碳酸酯
275	325	0.46	尼龙
235	1000	1.41	
235	2160	3.04	
235	5000	7.03	

(2) 切取样条(切割段)时间的选择：每个切割段所需时间与熔体流出速度有一定关系，一般情况是流出速度快，切割时间短，可使测试数据的误差减小，准确度提高。一般取样时间与流出速度的关系见表 3-27。

表 3-27　流出速度与切割段时间的关系

流出速度/(g/10min)	切割段时间/s	流出速度/(g/10min)	切割段时间/s
0.1~0.5	240	3.5~10	30
0.5~1.0	12	10~25	10~20
1.0~3.5	60	25~250	30

一个试样要连续切取至少两段，称重到毫克。若最大值与最小值之差超过两段平均值的 10%，则需重新取试样进行测定。

四、实验步骤

1. 接通电源，开启电源开关，绿色电源指示灯亮，屏幕开始显示温控系统和计数系统。

2. 设置测试参数：点击屏幕右侧的菜单按钮，此时屏幕显示三行选项：第一行为参数设置，第二行为试验主页，第三行为仪器修正。利用右边的数字按钮，按 1 即可选择屏幕上的 1 选项，点确认，进行参数设置。按数字键进行试验温度值的设定，这里我们输入 230℃作为聚丙烯的测试温度。按数字键 2 进行样条切割间隔时间的设定，这里选择 20s 切割一次，所以在系统中输入 20，点击右侧的确认按钮，参数设置完毕。

3. 系统预热：点击菜单，选择数字 2，进入实验页面，点击启动按钮，红色指示开始闪烁，系统进入加热状态，屏幕第一行温度显示实际测试温度。一般情况下，待机 25min

后，系统温度基本可以达到预设温度 230℃。

4. 试样准备：在天平上称取 3~5g 聚丙烯颗粒，以备测试。

5. 将口模挡板往里推，将口模从料筒上端送入料筒中，并使其落到底部。

6. 待熔体流动速率仪发出连续长鸣“滴——”，显示仪器达到系统预设温度 230℃，且温度稳定。此时，按确认键进行下一步操作。

7. 加料：取出料杆，轻放于耐高温的物体上，把漏斗插入料筒内，边加料边振动漏斗，使料快速漏下。加料完毕，用压料杆将料压实，以减少气泡，再插入料杆，放好定位套，套上砝码托盘。此加料操作必须在 1min 内完成。

8. 加料完毕后，预热 5min，选择负荷为 1835g 的砝码，将其扣在料杆上，此时料杆与砝码的质量之和为 2160g。此后，准备切割取样。

9. 当料杆下降到下标记线时，点开始进行系统的自动计时切割。此时熔体流动速率仪的切割系统每间隔 20s 把挤出的聚丙烯塑料切割成一段段的小样条。当料杆下降到上标记线时试验停止。切割取样应在料杆的上下标记线之间，连续取 3~5 次即可，这里我们连续取 5 个样品。

10. 样条取舍称重：将肉眼可见气泡的样条丢弃，将保留的至少 3 个样条逐个称重，准确到 0.001g，记下每个样品的质量，并求出平均质量。

11. 利用熔体流动速率仪右边的数字键将平均质量输入，即可在屏幕下方直接读出聚丙烯颗粒料在 230℃下、负荷为 2160g 时的熔融指数，在实验记录本上记下实验数据。

12. 测试完毕，待料筒内的物料全部挤出后，取下砝码和料杆。抽出料杆后，用清洁纱布趁热擦洗干净，再在料筒上部加料口铺上两层 50mm×50mm 的干净纱布，将清洗杆压住纱布插入料筒内壁，反复旋转抽拉多次。把口膜挡板向外拉，然后用压料杆将口模自上而下顶出料筒，用口模清洗杆及纱布清洗口模内外，以备下次测试。

13. 清洗完毕，关掉电源开关，切断电源，做好仪器使用登记。

五、实验注意事项

1. 料筒、压料杆等属于精密仪器，要轻拿轻放，不可掉落地上，清理时切忌擦伤。
2. 操作过程中要戴上手套，以防烫伤。
3. 所切取的几个料段中，最大值与最小值之差不能超过平均值的 10%。
4. 随时记录实验条件和实验数据。

六、实验数据及处理

实验条件：试样名称__________温度__________负荷重__________

表 3-28 实验数据及结果记录表

样条号	取样时间/s	样条重/g	样条平均重/g	*MI*/(g/10min)
1				
2				
3				

七、思考题

1. 根据高分子物理知识，判断本实验所用样品适宜挤出还是注塑成型方法，请解释原因。

2. 熔融指数与聚合物相对分子质量有何关系？为什么熔融指数不能在结构不同的聚合物之间进行比较？

3. 改变温度、剪切应力对聚合物熔体的黏度有何影响？

4. 为什么要切取 5 个切割段，而不是直接切取 10min 流出的质量为熔融指数？

第 4 章　高分子材料成型加工实验

高分子材料成型加工实验是高分子材料与工程专业的一门专业实践课程，是《高分子材料成型加工基础》配套实验课程。通过成型加工实验的学习，加深学生对高分子材料成型加工基本理论的理解，使学生掌握一般塑料或橡胶制品的制备工艺流程、常用设备的使用方法以及模具的内部构造，为后续的专业课程学习打下坚实的实践基础。

本部分实验的课程目标如下：

1. 能应用高分子专业知识、根据材料应用领域需求，选择合适的高分子材料及改性加工方案。

2. 能够根据实验方案搭建实验系统，通过文献调研，确定实验方法，准备实验材料与设备，安全开展实验，正确处理测试结果。

3. 能运用相关知识解释实验过程中遇到的问题、现象，并能提出解决方案。

本部分实验的要求如下：

1. 预习：理解实验原理，确定实验方案，了解主要仪器设备的性能和操作要求。

2. 实验操作：学会主要仪器设备的操作规程和安全注意事项，掌握实验步骤及要点，认真观察、记录实验现象，正确分析实验结果。实验结束后，对设备进行清理，整理实验工具，清洁实验室地面。实验记录经指导教师查阅并签字后，学生方可离开实验室。

3. 实验报告：完整的实验报告包括实验题目、实验原理、方案、操作要点、数据处理、计算或作图、实验结果、分析和讨论，要求字迹工整、叙述简明扼要、结论清晰可靠。

实验 4.1 热塑性塑料挤出造粒——拉伸及冲击实验用塑料粒料

一、实验目的

1. 明确同向双螺杆挤出机的结构特点、工作原理及其适用的高分子树脂参数要求。

2. 明确双螺杆挤出造粒工艺的关键参数，能据此进行原料配方的设计，并开展实验。

3. 掌握双螺杆挤出机工艺参数对粒料品质的影响，能分析并解决工艺加工过程中的基本问题。

二、实验原理

造粒是将树脂及各种助剂经计量、混合及塑化制成便于成型的密实圆柱体、立方体、球体颗粒的操作过程，生产的粒料供塑料注射成型、挤出成型及其他工艺用。挤出造粒是最常见的树脂造粒方法之一，具有产品质量稳定、自动化水平及生产效率高的特点。

挤出造粒工艺一般有热切和冷切两种，具体取决于物料的物性参数。一般而言，聚乙烯、聚丙烯采用冷切造粒，聚氯乙烯采用热切造粒。冷切法是物料经挤出机塑化并由口模挤出，条状的物料经水冷、牵引至切粒机切成一定形状的固体颗粒。热切法是把旋转的刀片紧贴在机头口模上，直接将熔融挤出的条状物料切成颗粒。

本实验采用水冷牵引冷切法，采用南京杰亚装备有限公司生产的 SHJ-20 型同向平行双螺杆挤出机进行加工，挤出机口模为两圆孔模板，两孔的直径均为 3.3mm。与单螺杆挤出机相比，双螺杆挤出机具有加料容易、混合优异、塑化效果好和低的功率消耗等优点。同时，同向旋转的双螺杆啮合处剪切速度较高，能刮去各种积料，具有较好的自洁作用。因此，同向双螺杆挤出机被广泛应用于共混、改性、填充和增强等领域。同向双螺杆挤出机配备不同的技术参数和特定的工艺结构，再分别配以相应辅机即可组成各类性能优越的挤出造粒机组。

实验原理：同向平行双螺杆挤出机的核心部件是一对轴线平行设置，螺杆元件相互啮合，同向旋转的螺杆。同向旋转的双螺杆在啮合处的转速方向相反，当进入螺杆的物料由一根螺杆送至啮合区时，受到挤出和剪切，同时又被另一根螺杆的反向速度托起，物料由一根螺杆转到另一根螺杆使之在两根螺杆与机筒内腔形成“∞”字形，螺槽内依靠摩擦机理和正位移输送机理实现有效的输送。螺杆的连续转动反复强迫物料转向，有助于物料的均匀混合、塑化。在双螺杆挤出机的加热、混合、剪切、塑化、压实排气作用下，物料塑化成均匀的熔体，并在双螺杆的挤压下，通过机头挤出成圆形的条状料，经冷却水槽水冷后，再经切粒机切粒，得到塑料粒料。

SHJ-20 双螺杆挤出机组(水冷切粒组合)结构如图 4-1 所示。

SHJ-20 双螺杆挤出机组的机械部分包括螺杆、机筒等主机工作部分以及传动系统、喂料系统、真空系统、造粒系统。

SHJ-20 双螺杆挤出机组控制系统主要由各电机的电气传动、筒体温度控制两大部分组

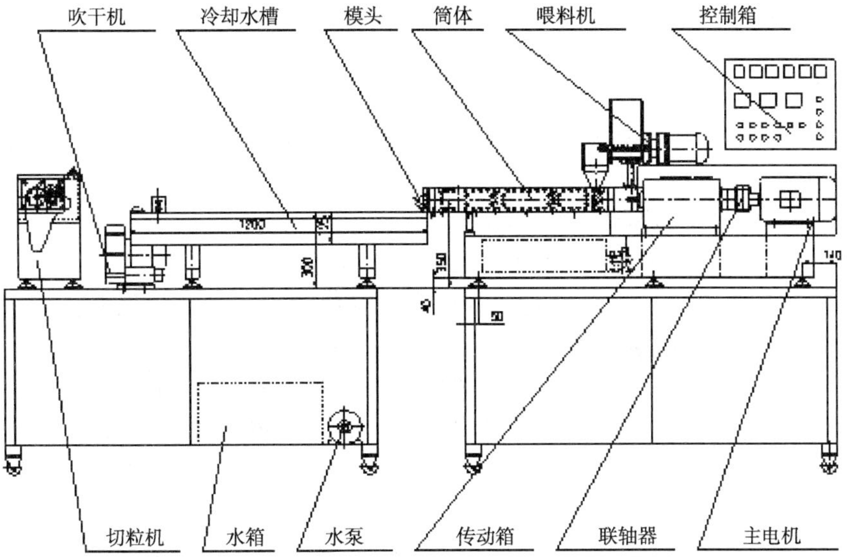

图 4-1　SHJ-20 双螺杆挤出机组结构示意图

成。各控制部分具体包括：

（1）主机、喂料机的转速调节。

（2）主机冷却系统、真空系统、造粒系统的控制。

（3）筒体、机头温度监测控制，熔体压力、熔体温度监测及相应自控联锁环节控制。

工艺流程：双螺杆挤出机组水冷牵引造粒工艺流程如图 4-2 所示。

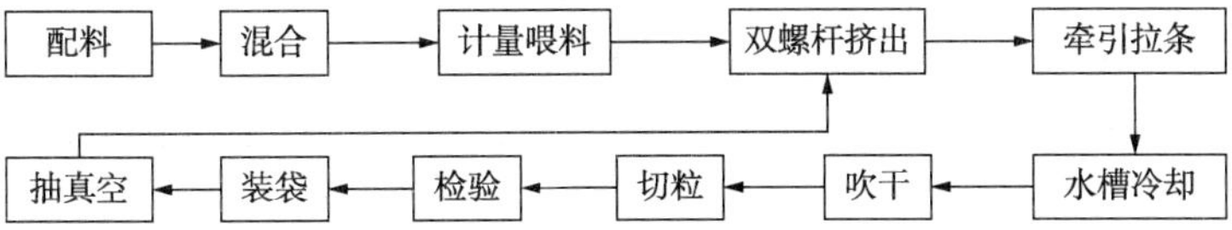

图 4-2　双螺杆挤出机组水冷牵引造粒工艺流程

三、实验原料与主要仪器设备

表 4-1　实验原料、规格及设备信息

原料、试剂及设备名称	用量/规格	用途说明
聚乙烯	1kg/牌号 951-000，*MI*=2.0g/10min	热塑性树脂基体
聚丙烯	1kg/牌号 T30S，*MI*=3.0g/10min	热塑性树脂基体
色母粒	60g，市用工业品	调色分级
碳酸钙	适量	作为填充剂，赋予塑件低成本及物性要求
同向平行双螺杆挤出机	1 台/SHJ-20，*L*/*D*=34	用于塑料的挤出加工
冷却水槽	1 台/1.2m 长	物料冷却
切粒机	1 台/变频调速	用于塑料条的切割造粒

四、实验步骤

1. 配料操作

按配方准确计量好各种原材料和辅助材料，采用专业的人工混料或高混机混料方式混合均匀，待用。

2. 双螺杆挤出机组的操作

(1) 合上总电源保护开关、电气柜内熔断器和马达开关。

(2) 打开钥匙开关，电源指示灯亮(绿色)，温控仪表、电流指示仪表、转速指示仪表、熔压表、调速器控制面板等通电指示。

(3) 升温：按工艺要求对各加热区温控仪表进行参数设定，各段加热温度达到设定值后，启动水泵，调节各节流阀大小；继续恒温 20~25min，同时进一步确认各段温控仪表和电磁阀(或冷却风机)工作是否正常。

(4) 开启齿轮箱进水阀，检查是否漏水。

(5) 打开水槽的进水阀和排水阀，调节好流量，使水槽冷却水循环，再开启吹干机及切粒机。

(6) 用手盘动电机联轴器，保证螺杆正常方向至少转动 3 转，确保螺杆转动安全。将主机调速旋钮设置在零位，启动主电机，逐渐升高主螺杆转速，在不加料的情况下空转转速不高于 10Hz，时间不超过 1min，检查主机空载电流是否稳定。主机转动若无异常，低速启动喂料电机，开始将前期混合均匀的物料加入喂料机的料斗中。待机头有物料排出后再缓慢地升高主螺杆转速和喂料螺杆转速，升速时应先升主机速度，待电流平稳无异常后再升速加料，并使喂料机和主机转动相匹配。每次主螺杆升速不大于 5Hz，若喂料机升速按工艺要求逐渐加量，主电流上升过快，应适当降低加料量，升速直至达到工艺要求的工作状态。在逐渐提高喂料机转速、加大喂料量的同时，密切注意主电机电流及熔体压力，以免主机过载或机头压力过高。

(7) 按工艺要求调节切粒装置转速，调整切粒机转速与主机熔体牵出速度相匹配，使之正常牵引，切粒机转速随主机产量大小而升降。

(8) 对于排气操作一般应在主机进入稳定运转状态后进行，先打开真空泵进水阀，调节控制适当的工作水量，再启动真空泵。从排气口观察螺槽中物料塑化完全不冒料时，即可打开真空管路阀门并关闭排气室上盖，将真空度控制在要求的范围内。真空操作可按下述顺序进行：

① 抽真空：开真空泵，打开水阀，真空表有指示。

② 停抽真空：关闭水阀，停真空泵，真空表无指示。

(9) 在开车启动阶段，微微打开冷却筒体段节流阀门(不可猛然全开)，等待数分钟并观察该段温度变化情况，若无明显下降或下降至某一新平衡温度，但仍超过允许值时，可适当调大管路阀门的开度。这一过程往往需一定反复方可达到要求。阀门开度调节确定后，对同一物料作业一般不需再进行调节。

3. 运转中的检查及调试

(1) 检查主机电流是否稳定(正常波动不大于 8%)，若波动较大或急速上升，应减少喂料机的供料量，待主电流稳定后再逐渐增加。螺杆在规定的转速范围内，运转应平稳。要求电流保持在额定 75%~85%的状态下运行。

（2）检查传动系统和主机筒体内有无异常声音及传动箱温升情况，各紧固部分有无松动。若噪声来自机筒内，可能是物料中混入异物或设定温度过低、局部加热区温控失灵等原因造成未塑化物料与机筒过度摩擦，也可能是螺杆组合不合理。若有异常现象，应立即停机，查清原因并处理后方可再开机。

（3）密切检查油位和油温，油温因季节及负载大小而异，应在 15~60℃范围内。

（4）待运转平稳后，检查各区温度是否显示在设定温度±2℃范围内。加热是否正常工作，有无发红、铸铝熔化现象。冷却水管道应畅通，且无泄漏现象。

（5）若排气口有冒料现象，可通过降低喂料及螺杆转速、改变螺杆组合构型等方法消除。

（6）经常检查机头的料压显示是否正常稳定，机头出条是否稳定均匀，有无断条阻塞、塑化不良或过热变色等现象。

（7）生产能力主要取决于主机转速和喂料量的多少，可调整主螺杆转速和喂料螺杆转速参数以提高生产效率。

4. 停机

（1）正常停车顺序：

① 停喂料机，喂料机调速旋钮调至零位。

② 关闭真空用水阀，停真空泵，打开真空室上盖。

③ 逐渐降低螺杆转速，尽量排尽筒体内残存物料，物料基本排完后，再逐步将双螺杆主机转速调至零位，按下主电机停止按钮。

④ 停止吹干机、水泵、切粒机等辅助设备，关闭电仪控制柜上各电源开关。

⑤ 断开总电源开关。

⑥ 关闭各外接水管阀门，包括加料段筒体冷却水、水槽冷却水等（主机筒体各软水冷却管路节流阀门不动）。

（2）紧急停车顺序：

① 如主机内或传动系统出现异常噪声或振动等紧急情况需要停主机时，可迅速按下电仪柜红色紧急停车钮，并将主机及喂料调速旋钮旋回零位，然后将总电源开关切断。消除故障后，才能按复位按钮，再次按正常开车顺序重新开车。

② 局部故障停车，如不影响机组正常运行，可使相关设备局部断电，其余系统不受影响，继续维持原工作状态，此时须及时排除故障。

③ 机组设有报警灯，若主机调速器故障，则机组停车，红色报警灯亮。

五、注意事项

1. 清除机头的熔料只能用铜、软铝等软质材料制成的工具，以免模口产生缺口或凹坑。

2. 按操作程序开车，注意启动挤出机时转速要缓慢上升，同时注意进料情况并密切注意电机电流，如发现突增，立即停车检查原因。

3. 操作时分工负责，协调配合，集中精神，注意观察，如发现异常现象，根据分析的原因采取适当的处理方法。

4. 经常检查主机传动箱的油位是否达到传动箱油位计的二分之一以上。

5. 注意清理料斗，确认无杂质异物后，才能将物料加满料斗。物料内不允许有杂物，严禁金属和砂石等硬物料进入料斗。

6. 打开排气室或料斗盖时，严防有异物落入。禁止用金属工具在料斗内手动搅拌物料。清理排气室中已冒出的物料禁止用金属工具，可用木片、竹片，防止损坏螺杆及筒体。

7. 螺杆只允许在低速下启动，空转时间不超过 1min，及时喂料后才能逐渐提高螺杆转速。每次作业完毕，及时清扫主机、辅机工作环境。对于残存在模头内的黏性物料需清理干净。

六、实验数据及处理

表 4-2　双螺杆挤出机造粒工艺参数记录

<table>
<tr><td>实验日期</td><td colspan="3"></td><td colspan="2">造粒方式</td><td colspan="2"></td></tr>
<tr><td>设备名称</td><td colspan="3"></td><td colspan="2">设备型号</td><td colspan="2"></td></tr>
<tr><td>实验配方</td><td colspan="7"></td></tr>
<tr><td>设定温度/℃</td><td>T_1 =</td><td>T_2 =</td><td>T_3 =</td><td>T_4 =</td><td>T_5 =</td><td>T_6 =
（机头温度）</td><td>T_7 =
（熔体温度）</td></tr>
<tr><td>实测温度/℃</td><td>T_1 =</td><td>T_2 =</td><td>T_3 =</td><td>T_4 =</td><td>T_5 =</td><td>T_6 =
（机头温度）</td><td>T_7 =
（熔体温度）</td></tr>
<tr><td colspan="2">切粒机频率/Hz</td><td colspan="2"></td><td colspan="2">喂料机频率/Hz</td><td colspan="2"></td></tr>
<tr><td colspan="2">主机频率/Hz</td><td colspan="2"></td><td colspan="2">实测主机电流/A</td><td colspan="2"></td></tr>
<tr><td colspan="2">主机设定电流/A</td><td colspan="2"></td><td colspan="2">循环水压力/MPa</td><td colspan="2"></td></tr>
<tr><td colspan="2">设定熔压/MPa</td><td colspan="2"></td><td colspan="2">实测熔压/MPa</td><td colspan="2"></td></tr>
<tr><td colspan="2">真空度/MPa</td><td colspan="2"></td><td colspan="2">原材料</td><td colspan="2"></td></tr>
<tr><td colspan="2">辅助材料</td><td colspan="6"></td></tr>
<tr><td colspan="2">备注</td><td colspan="6"></td></tr>
</table>

七、思考题

1. 螺杆各段对加工过程有何影响？
2. 喂料速度对加工过程有何影响？
3. 主机转速对加工过程有何影响？
4. 挤出造粒的工艺条件有哪些，如何确定？

实验 4.2　热塑性塑料注射成型——塑料拉伸试样条和塑料冲击试样条

一、实验目的

1. 明确注塑机的结构特点、工作原理及适用的高分子原料特点。

2. 明确注射成型的关键工艺参数，能据此对原料组成进行配方设计、改进，并开展实验。

3. 掌握注射成型工艺参数对制件品质的影响，能分析并解决注射过程中的常见问题。

二、实验原理

热塑性塑料的注射成型又称注塑，是将粒状或粉状塑料加入注塑机料筒中，经外部加热、机械剪切力和摩擦力等作用，熔化成流动状态，然后在注塑机螺杆快速而又连续的压力下，从料筒前端的喷嘴中以较高的压力和较快的速度注入闭合的模具中，经保压冷却定型成为所需制品。

注射成型是一个按照预定的程序做周期性动作的过程，注塑机动作过程的程序是指机器在程序周期中各动作的先后次序。普通螺杆式注塑机的动作程序如下：

合模→注射充模→保压→冷却、预塑化→脱模→合模

(1) 合模与锁紧　注射成型的周期一般是以合模为起始点，动模前移，快速闭合。在与定模将要接触时，依靠合模系统自动切换成低压，提供合模压力和低压模保，最后切换成高压将模具合紧。

(2) 注射充模　模具闭合后，注塑机机身前移使喷嘴与模具贴合。油压推动与油缸活塞杆相连的螺杆前进，将螺杆头部前面已均匀塑化的物料以一定的压力和速度注射入模腔，直到熔体充满模腔为止。

熔体充模顺利与否，取决于注射的压力和速度、熔体的温度和模具的温度等。这些参数决定了熔体的黏度和流动特性。注射压力使熔体克服料筒、喷嘴、浇注系统和模腔等处的阻力，以一定的速度注射入模；一旦充满，模腔内压迅速到达最大值，充模速度则迅速下降。模腔内物料压紧，密实，符合成型制品的要求。注射压力的过高或过低，造成充模的过量或不足，都将影响制品的外观质量和材料的大分子取向程度。注射速度影响熔体填充模腔时的流动状态，速度快，充模时间短熔体温差小，则制品密度均匀，熔接强度高，尺寸稳定性好，外观质量好；反之，若速度慢，充模时间长，由于熔体流动过程的剪切作用使大分子取向程度增大，则制品各向异性。

(3) 保压　熔体注入模腔后，由于模具的低温冷却作用，使模腔内的熔体产生收缩。为了保证注射制品的致密性、尺寸精度和强度，必须使注射系统对模具施加一定的压力(螺杆对熔体保持一定压力)，对模腔塑件进行补塑，直到浇注系统的塑料冻结为止。

保压过程包括控制保压压力和保压时间的过程，它们均影响制品的质量。保压压力可以等于或低于充模压力，其大小以达到补塑增密为宜。保压时间以压力保持到浇口凝封时

为好，若保压时间不足，模腔内的物料会倒流，使制品缺料；若时间或压力过大，充模量过多，将使制品浇口附近的内应力增大，制品易开裂。

（4）制品的冷却与预塑化　当模具浇注系统内的熔体冻结到其失去从浇口回流可能性时，即浇口封闭时，可卸去保压压力，使制品在模内充分冷却定型，其间主要控制冷却的温度和时间。

在冷却的同时，螺杆传动装置开始工作，带动螺杆转动使料斗内塑料经螺杆向前输送，并在料筒的外加热和螺杆剪切作用下熔融塑化。物料由螺杆运到料筒前端，并产生一定压力。在此压力作用下，螺杆在旋转的同时向后移动，当后移到一定距离，料筒前端的熔体达到下次注射量时，螺杆停止转动和后移，准备下一次注射。

塑料的预塑化与模具内制品的冷却定型是同时进行的，但预塑时间必定小于制品的冷却时间。

（5）脱模　模腔内的制品冷却定型后，开启模具，并自动顶落制品。

三、实验原料及主要仪器设备

1. 实验设备

本实验采用宁波海天公司制造的 HTF60W1 型注塑机(图 4-3)，采用机械、电气双重安全联锁保护和低压模具保护装置，注射配置为双缸平衡注射系统和双缸座台进移，电控装置采用了彩色 LCD 显示屏，电脑内存模具记忆功能可达 35 组，实时监测显示各动作运作情况。

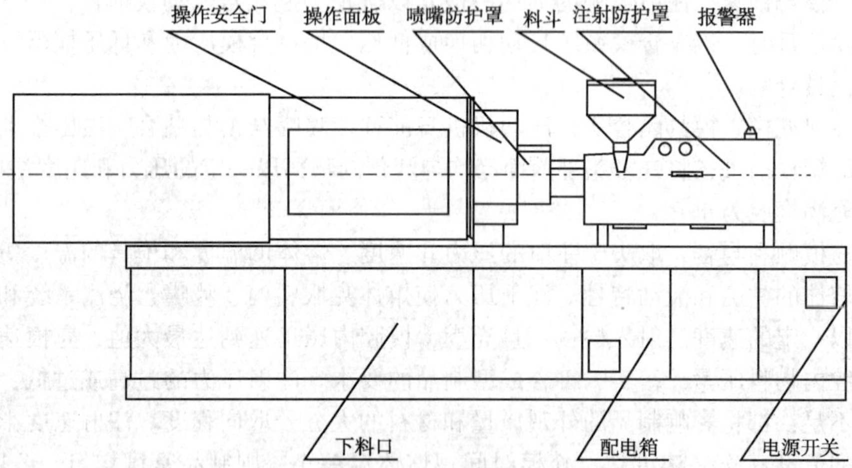

图 4-3　HTF60W1 型注塑机正面图

2. 注射模具

拉伸及冲击试样条模具。

3. 原料

选用挤出造粒实验 4.1(双螺杆挤出机造粒)加工的粒料，也可选用 HDPE、LDPE，PP、颗粒状塑料，或是选用 ABS、PS、PA 等塑料。

主要原料及设备用途如表 4-3 所示。

表 4-3　实验原料、规格及设备信息

实验原料及设备名称	用量/规格	用途说明
热塑性树脂	适量/HDPE、LDPE，PP、ABS、PS 等	注射用树脂基体
注塑机	1 台/HTF60W1(见图 4-3)	用于树脂的注射成型加工
模具	1 套/哑铃条注塑模	模塑哑铃状样条

HTF60W1 注射机主要技术参数

螺杆直径/mm	30	移模行程/mm	270
螺杆长径比/(L/D)	21	模板开距(最大)/mm	600
注射容量(理论)/cm^3	88	液压顶出行程/mm	70
注射质量(PS)/g	80	液压顶出力/kN	22
注射压力/MPa	177	液压顶出杆根数(PC)	1
注射行程/mm	125	允许模具厚度(最大)/mm	330
料筒加热功率/kW	5.1	允许模具厚度(最小)/mm	120
锁模力/kN	600	油泵电机功率/kW	7.5
拉杆内间距(水平×垂直)/mm	310×310	油箱容积/L	210
最小模具尺寸(长×宽)/mm	220×220	机器质量/t	2.5

四、实验步聚

1. 开机前准备

(1) 准备好原材料、辅助材料，按配方要求称量待用。

(2) 观察注射机的结构，学习工作原理，拟定各项工艺参数。

(3) 打开机器冷却水总进出水阀、油泵冷却水阀和螺杆进料段冷却水阀。

(4) 启动油泵马达，把模具打开，然后检查模具内部的清洁情况，及时清除模具上的防锈剂、水、胶料和其他杂物等。

(5) 合上机器的总电源开关，检查机器有无异常现象。

2. 注塑工作步骤

(1) 进入温度设定画面(F6 温度)，根据原料性质设定各段温度参数。

(2) 按电加热键，料筒开始加热。正常情况下，加热达到设定温度一般需要 35min 左右。为了保护螺杆，应在加热料筒各点的温度达到设定温度后 15min，再开始下步工作。

(3) 打开料斗盖，倒入已混合均匀的物料，盖好料斗盖。

(4) 根据制品质量、物料密度、机器的总注射量，大致设定好储料结束的位置，储料的压力、速度，并调节储料背压阀的压力至合适值，同时设定注射和保压的相关参数。

(5) 按下电动机启动键，启动电动机。

(6) 按下关模键做关模动作至关模结束。

(7) 按注射座前进键，使注射座前进，至喷嘴口与模具的浇口贴紧；对于不同的塑料和模具，步骤(6)和步骤(7)的操作可能有先后变化。

(8) 按储料按钮，螺杆旋转同时逐渐退回至设定的位置后，自动停止储料；在储料过程中，也可以再次按储料按钮使储料动作停止。

(9) 按下注射键，开始注射动作。

(10) 保压结束，待制件冷却充分，按开模键做开模动作。

(11) 开模结束后做顶出动作，打开安全门，取出制品。

(12) 观察制品的成型情况，对相关参数做适当的调整。

以上步骤均在手动状态下进行，可重复完成有关步骤，直至成型出合格的制品。

(13) 制品合格后，按半自动键或全自动键，机器进入半自动或全自动工作状态。

3. 注塑结束后工作步骤

(1) 在模塑完毕之后按加热开关，关闭料筒电热。临时或短时间停机，可不关料筒电热。

(2) 尽量排尽料筒内的余料，关模具冷却水阀、螺杆进料段冷却水阀和机器冷却水总进出阀。

(3) 保养模具，必要时可向模具型腔喷上防锈剂。

(4) 在手动状态下，进行合模(不要进入高压锁模)，并将注射座、螺杆退回停止位置。关油泵马达，关注射机的总电源。

(5) 整理制品，做好现场清洁卫生工作。

五、注意事项

1. 根据实际使用情况，实验可选用手动、半自动、全自动等操作方式。

(1) 手动　指机器的所有动作都必须点按相应的手动按钮慢速进行，放开按钮动作即停止。这种操作方式适合于装拆模具，进行螺杆检修和调整机器时使用。

(2) 半自动　指每个生产周期仅需把机器的安全门关闭后，工艺过程中的各个动作按照一定的顺序自动进行，直至一个生产周期进行完毕为止。

(3) 全自动　指机器的动作顺序全部由电器控制，自动地往复进行。这种操作方式可以减轻人工的劳动强度。

2. 温度未达到设定值时，严禁操作注射部分的动作。

3. 注射机各工艺参数不要随意更改，不得随意打开或关闭各进出水阀门和电器开关。

4. 不得用金属工具触碰模具型腔。

5. 勿让手和脸部靠近注射喷嘴的前端，不要接触机器的移动部件，在清理模具和调节机械部件时请关掉电源。

6. 无安全防护门或无安全挡板时，不准操作注塑机。

7. 安全门打开后，当机器抽芯或顶出时，请不要把手伸到锁模区，以免造成伤害。

六、实验数据及处理

表 4-4　注射成型工艺参数记录表

机器名称及规格		操作方式	
原材料		辅助材料	
模具		记录时间	

模　座

参数 \ 动作	起始位置/mm	压力/MPa	速度/(mm/s)	参数 \ 动作	起始位置/mm	压力/MPa	速度/(mm/s)
关模一段				开模一慢			
关模二段				开模快一			
低压模保				开模快二			
高压锁模				开模二慢			
				开模终止			

射　出

参数 \ 动作	起始位置/mm	压力/MPa	速度/(mm/s)	时间/s	参数 \ 动作	压力/MPa	速度/(mm/s)	时间/s
射出一段					保压一段			
射出二段					保压二段			
射出三段					保压三段			
射出四段					保压转换方式	0=位置		1=时间
转保压								

储　料

参数 \ 动作	起始位置/mm	压力/MPa	速度/(mm/s)	背压/MPa
储料一段				
储料二段				
储料终止				

参数 \ 动作	偏移位置/mm	压力/MPa	速度/(mm/s)	时间/s
射退				
储料前冷却				

托　模

参数 \ 动作	起始位置/mm	压力/MPa	速度/(mm/s)	延迟/s
托进一段				

续表

托进二段				
托进终止				
托退一段				
托退二段				
托退终止				
托模方式	0=不用	1=停留	2=定次	3=震动
托模次数				

	参数 动作	起始位置/mm	压力/MPa	速度/(mm/s)	时间/s
座　台	座进快速				
	座进慢速				
	座进终止				
	座退				
	座退终止				
	调模				

温　度

	1#	2#	3#	4#	5#	6#	7#
设定温度/℃							
实测温度/℃							

七、思考题

1. 制品缺料与哪些因素有关？
2. 制品溢边与哪些因素有关？
3. 注射压力的高低对制品的成型有何影响？
4. 试分析注射薄壁、厚壁制品各易出现哪些缺陷？工艺上应分别应进行如何调整？

实验 4.3　热塑性塑料挤出吹塑

一、实验目的

1. 明确挤出机、吹膜机头及辅机的结构和工作原理，掌握其适用的聚合物树脂原料特点。

2. 掌握挤出吹塑薄膜工艺的关键参数，能据此对加工物料的配方组成进行设计、改进，并正常开展实验。

3. 掌握挤出吹塑法的工艺参数对薄膜品质的影响，能对工艺过程中的常见问题进行解析、处理。

二、实验原理

1. 挤出吹塑成型工艺

塑料薄膜是一类重要的高分子制品，具有质轻、强度高、平整、光洁、透明、易加工、价格低廉等优点。塑料薄膜可以用挤出吹塑、压延、流延、拉幅和使用狭缝机头直接挤出等方法成型；压延法主要用于非结晶高分子材料的加工，该法所需设备复杂，投资大，但生产效率高，产量大，薄膜的均匀性好；流延法主要用于非结晶高分子材料加工，该法工艺简单，生产的薄膜透明度好、各向同性、性能均一，但强度较低，且需耗费大量溶剂，成本增加，对环保有一定影响；拉幅法主要适用于结晶型高分子材料加工，该法生产工艺简单，生产的薄膜质量均匀，物理机械性能好，但设备投资较大；挤出吹塑法适用于结晶和非晶型高分子材料加工，该法工艺设备简单，且最为经济，既能生产幅宽较窄的薄膜，又能生产宽达几十米的薄膜，吹塑过程薄膜纵横向都得到拉伸取向，制品质量较高，是目前应用最广泛的方法。

挤出吹塑法生产的薄膜原料主要有聚乙烯(PE)、聚氯乙烯(PVC)、聚偏二氯乙烯(PVDC)、聚丙烯(PP)、聚苯乙烯(PS)、尼龙(PA)、乙烯-乙酸乙烯共聚物(EVA)、聚乙烯醇(PVA)等品种。目前，国内外 PE、PVC 薄膜居多，但后几种高分子薄膜的强度或透明度较好，已得到了很大发展。采用挤出吹塑法生产的薄膜厚度一般在 0.01~0.3mm 范围内，如 PE 薄膜的厚度一般在 0.008~0.150mm 之间，展开宽度可从几十毫米到几十米区间变化。

挤出吹塑成型是在挤出工艺的基础上发展起来的一种热塑性塑料的成型方法，其实质是在挤出的型坯内通过压缩空气吹胀成型，包括吹塑薄膜成型和中空吹塑成型。在吹塑薄膜成型中，根据挤出和牵引方向的不同，可以分为平挤上吹、平挤平吹和平挤下吹等三种工艺，如图 4-5 所示。

三种工艺成型薄膜的原理相同，即将塑料加入挤出机料筒内，借助料筒外部的加热和料筒内螺杆旋转的剪切挤压作用，使固体物料熔融成流动状态的熔体；同时在压力的推动下，塑料熔体逐渐被压实前移，通过环隙口模挤成截面恒定的连续薄壁管状物；再经芯棒中心引进的压缩空气吹胀，被吹胀的泡管在冷却风环、牵引装置的作用下，逐渐地引伸定型，最后导引至卷取装置，叠卷成双折的塑料薄膜。

其工艺流程见图4-4。

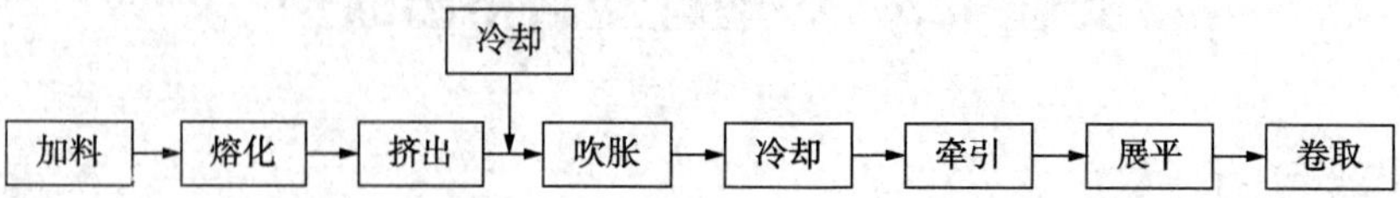

图4-4　挤出吹塑工艺流程图

目前工业上常用的是平挤上吹法，基于综合考虑，本实验采用平挤上吹法成型低密度聚乙烯(LDPE)薄膜。

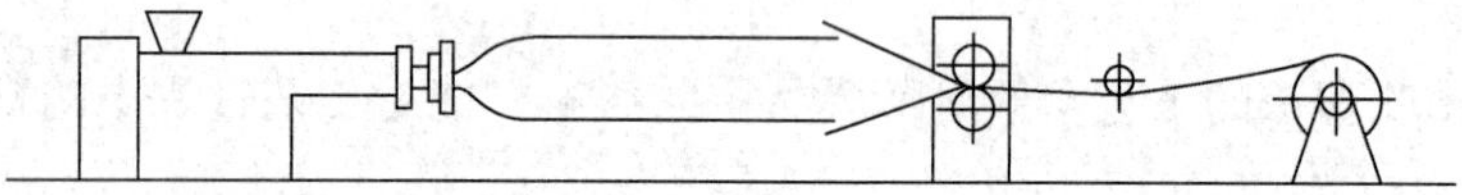

(a)平挤平吹法

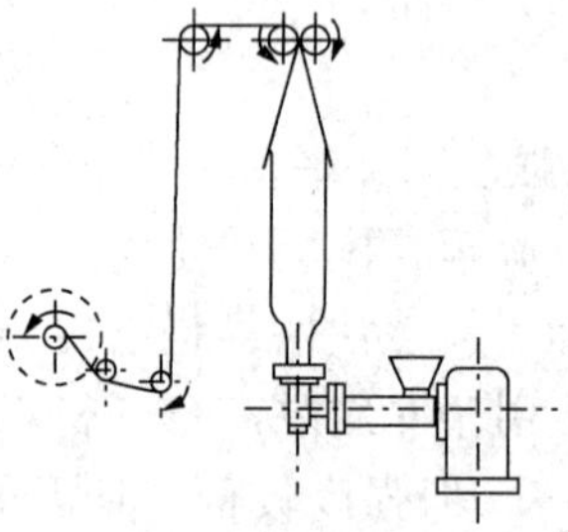

(b)平挤上吹法

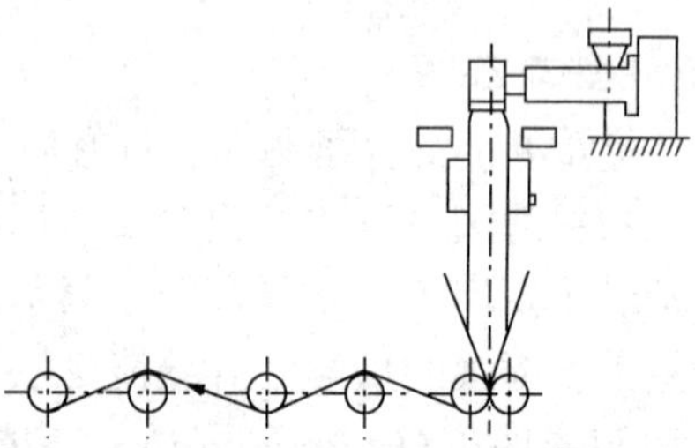

(c)平挤下吹法

图4-5　挤出吹塑薄膜的制备工艺

2. 原料的确定

挤出吹塑薄膜的原料需用吹膜级树脂及适量的润滑剂，以保证薄膜的力学性能及开口性；树脂粒子的选择应依据熔融指数(*MI*)和相对分子质量分布而定，一般选择熔融指数较小，且相对分子质量分布较宽的树脂。对于聚乙烯，通常选择熔融指数为2~6g/10min之间的树脂牌号。

3. 挤出机的选择

吹塑薄膜的主要设备为单螺杆挤出机，挤出机的挤出量应与薄膜的厚度和折径相适应。长径比一般在25以上。有时为了增加混炼效果，螺杆头部需增加混炼装置。

4. 管坯挤出

挤出机各段温度的控制是管坯挤出最重要的因素。通常，沿机筒到机头口模方向，塑料温度逐步升高。本实验采用LDPE进行吹塑，原则上机筒温度依次应为140℃、160℃、180℃递增，机头口模处稍低些。挤出温度设置过高时，剪切作用过大易使高分子材料分解、薄膜发脆，薄膜纵向拉伸强度明显下降；挤出温度设置过低时，树脂塑化不良，不能顺利地进行膨胀拉伸，薄膜的拉伸强度较低，且表面的光泽性和透明度差，甚至出现像木材年轮样的花纹及未熔化的晶核。通常在满足薄膜性能要求的前提下，熔体挤出温度应控制稍低一些。

5. 吹胀与牵引

薄膜挤出吹胀及冷却过程与膜管的牵引是同时进行的。压缩空气从机头处的通入气道进入，将管坯吹胀成膜泡后，经人字板进入牵引装置。调节压缩空气的通入量可以控制膜管的膨胀程度。衡量管坯被吹胀的程度通常用吹胀比(α)表示(吹塑薄膜生产工艺的控制要点之一)。吹胀比是指管坯吹胀后的膜管直径 D_2 与挤出机环形口模直径 D_1 的比值，即：

$$\alpha=\frac{D_2}{D_1} \tag{4-1}$$

吹胀比的大小表示挤出过程管坯直径的变化，即薄膜的横向膨胀倍数，也表明黏流态下大分子受到横向拉伸作用力的大小。吹胀比增大，薄膜的横向强度提高，常用吹胀比在2~6之间。

膜管在牵引过程中受到在牵引方向上拉伸作用的程度通常以牵引比(β)来表示，牵引比是指膜管通过夹辊时的速度 V_2 与口模挤出管坯的速度 V_1 之比，即：

$$\beta=\frac{V_2}{V_1} \tag{4-2}$$

牵引比是薄膜纵向拉伸倍数，牵引比增加，薄膜纵向强度会随之提高，且薄膜的厚度变薄，牵引比通常控制在4~6之间。

在挤出吹塑薄膜过程中，由于挤出管坯同时受到吹胀作用和牵引作用，而使大分子在纵横两个方向均发生取向而获得一定的机械强度。为了得到纵横向强度均等的薄膜，吹胀比和牵引比建议相等。然而实际生产中往往采用同一环形间隙口模，靠调节不同的牵引速度控制薄膜的厚度，故吹塑薄膜纵横向机械强度并不相同，通常纵向强度稍大于横向强度。

吹塑薄膜的厚度 δ 与吹胀比和牵伸比的关系可用式4-3表示。

$$\delta=\frac{b}{\alpha\beta} \tag{4-3}$$

式中 b——机头口模环形缝隙的宽度，mm；

δ——薄膜厚度，mm。

6. 薄膜的冷却

管坯挤出吹胀成膜管后还需经过不断冷却固化定型，才能获得薄膜制品。冷却装置应满足生产能力高、制品质量好、生产过程稳定等要求，冷却装置还可以对薄膜的厚度不均匀性进行调整。

常用冷却装置主要有风环装置、内外双面风冷装置和水环冷却装置。风环装置是目前吹塑薄膜成型应用最广的装置，它利用冷却空气通过风环间隙向泡管四周直接吹气而进行热交换，冷却定型获得薄膜。操作上通过调节风环中风量的大小、移动风环来控制“冷凝线”远近(即泡颈长短)，冷却风环与口模距离一般控制在30~100mm。

7. 薄膜的卷取

膜管经冷却定型后，先经人字导向板夹平，再通过牵引夹辊、展平辊，最后由卷绕辊卷绕成薄膜制品。人字板的作用是稳定已冷却的膜管，不让膜管晃动，并将其压平。牵引夹辊是由橡胶辊和金属辊组成，其作用是牵引和拉伸薄膜。牵引辊到口模的距离对成型过程和管膜性能有一定影响，它决定了膜管在压叠成双折前的冷却时间，这一时间与塑料的热性能有关。薄膜卷取时要求卷取平整、两端边整齐。

除以上工艺设备因素外，要制得性能良好的薄膜，机头、口模的结构设计极其重要，流道必须通畅，尺寸要精确，不能发生“偏中”现象。

三、实验原料及主要仪器设备

表 4-5 实验原料、用量及设备信息

设备/原材料	用量	用途说明
单螺杆挤出机	1台	用于塑料的熔融挤出
吹膜机头、口模	1套	用于吹膜成型、吹胀工艺
空气压缩机	1台	提供吹胀所需的空气
冷却风环	1套	薄膜冷却
吹膜辅机	1套	用于牵引、人字板贴膜等
电子天平	1台	用于原料的称量
剪刀	1把	辅助工具
测厚量具	1套	辅助工具
手套	数双	劳保用品
LLDPE，LDPE	若干	成型用的树脂

四、实验步骤

1. 了解原料特性，设定挤出机各段、机头和口模的温度，同时拟定螺杆转速、空气压力、风环位置、牵引速度等工艺条件。

2. 按照挤出机的操作规程，接通电源，设定挤出机、机头各部位加热温度，开始加热，同时开启料斗底部夹套冷却水管，检查机器各部分的运转、加热、冷却、通气是否正常。待各段预热达到设定的温度时，立即将口模环形缝隙调至基本均匀，同时应对机头部分的衔接、螺栓等再次检查并趁热拧紧，保温一段时间以待加料。

3. 恒温 30min 后，启动主机，在慢速运转下先加入少量 LDPE，注意电流计、压力表、扭矩值以及出料情况。待挤出的泡管壁厚基本均匀时，戴上手套用手将管状物慢慢引向开动的冷却、牵引装置，随即通入压缩空气。观察泡管的外观质量，结合实验情况即时协调工艺、设备因素(如物料温度、螺杆转速、口模同心度、空气压力、风环位置、牵引卷取速度等)，使整个操作控制处于正常状态。

4. 当泡管形状稳定、薄膜折径已达要求时，切忌任意变化操作控制。在无破裂泄漏的情况下，不再通入压缩空气。此后，管内储存气体足以维持泡管尺寸的稳定。

5. 切取一段外观质量良好的薄膜，并记下此时的工艺条件；称取单位时间的质量，同时测其折径和厚度公差。

6. 改变工艺条件(如提高料温、增大或降低螺杆转速、调整风量大小、加大压缩空气压力或流量、提高牵引卷取速度等)，重复上述操作步骤 3~5，分别观察和记录泡管外观质量变化情况。

7. 实验完毕，逐渐减低螺杆转速，并在挤出机内残存的塑料挤完后停车。趁热用铜刀、竹片等实验用具清除机头和衬套中的残留塑料，切忌损伤模具表面。

8. 实验中易出现的产品质量问题：

（1）树脂粒子的熔融指数过大，则熔融树脂的黏度降低，加工范围较窄，加工条件难以控制，树脂的成膜性较差；另外，熔融指数过大，聚合物相对分子质量分布窄，薄膜的强度较差。

（2）吹胀比（吹胀后管泡直径与机头口模直径之比）过大，容易造成膜泡不稳定，且薄膜容易出现皱折。

（3）牵引比（牵引速率与挤出速率之比，即牵引辊表面线速度与熔体离开口模线速度之比）过大，易拉断膜管，造成断膜现象。

五、注意事项

1. 熔体挤出时，操作者不得位于口模的正前方，以防意外伤人。操作时严防金属杂质和小工具落入挤出机筒内，操作时要戴手套。

2. 若有气体泄漏，可通过气管通入少量压缩空气予以补充，同时确保泡管内压力稳定。

3. 清理挤出机和口模时，只能用铜刀、铜棒或压缩空气，切忌损伤螺杆和口模的光洁表面。

六、实验数据及处理

表 4-6　挤出吹膜成型工艺参数

<table>
<tr><td>设备名称及型号</td><td colspan="2"></td><td colspan="2">实验日期</td><td></td><td></td><td></td></tr>
<tr><td>树脂牌号及用量</td><td colspan="2"></td><td colspan="2"></td><td></td><td></td><td></td></tr>
<tr><td colspan="8">具体工艺参数</td></tr>
<tr><td colspan="8">机筒温度</td></tr>
<tr><td>设定温度/℃</td><td>T_1 =</td><td>T_2 =</td><td>T_3 =</td><td>T_4 =</td><td>T_5 =</td><td colspan="2">T_6 =
（机头温度）</td></tr>
<tr><td>实测温度/℃</td><td>T_1 =</td><td>T_2 =</td><td>T_3 =</td><td>T_4 =</td><td>T_5 =</td><td>T_6 =
（机头温度）</td><td>T_7 =
（熔体温度）</td></tr>
<tr><td>螺杆转速/
（r/min）</td><td colspan="2"></td><td>吹胀比</td><td colspan="2"></td><td>牵引比</td><td></td></tr>
<tr><td>模口间隙/mm</td><td colspan="3"></td><td colspan="4">牵引比＝模口间隙/（薄膜厚度×吹胀比）</td></tr>
<tr><td colspan="8">实验过程记录（记录工艺参数变化对泡管外观质量的影响）</td></tr>
</table>

七、思考题

1. 吹塑制品纵向或横向壁厚不均匀的原因是什么？解决措施如何？
2. 吹塑制品的内壁或外表面受到污染，请分析产生此现象的原因及解决措施。
3. 吹塑成型时被吹破，可能的原因有哪些？如何应对？
4. 吹塑制品的质量出现较大的波动，请分析产生的原因及应对措施。

实验 4.4　热塑性塑料模压成型

一、实验目的

1. 掌握模压成型工艺的原理、特点及适宜加工的原料要求。

2. 掌握热炼机进行热塑性塑料的开炼混合原理及加工参数对混炼效果的影响，合理进行热塑性塑料热炼的配方设计，并开展实验。

3. 掌握热炼及模压的关键工艺参数及其对热塑性塑料成型制品品质的影响，能解决工艺过程中常见的问题。

二、实验原理

热塑性塑料成型主要采用注射及挤出工艺完成，根据热塑性塑料受热软化、可反复加工的特点，亦可采用开放式热炼机进行初加工，对树脂的性能作出初步的判断。相较于注塑、挤出成型工艺，热塑性塑料的热炼加工可以实现更少原料、更简便工艺的操作要求，热炼后的树脂通过模压成型得到特定形状的制件，通过后期的产品检测为实验室原料的初步评价提供数据支持。

热塑性塑料的双辊热炼是采用开放式热炼机对热塑性聚合物施加一定的剪切作用，使配方中各组分相互进入其他组分所占空间，得到助剂均匀分布的聚合物复合材料。混炼操作时，将热塑性聚合物加在两辊筒的工作面上，两辊筒以不同的转速相对旋转，辊面上的原料受到辊筒热传导和摩擦作用逐渐升温变软，并粘在辊面上随辊筒转动。当物料进入两辊面间隙时，受到强烈的挤压、剪切作用，辊筒面上的物料不断混合、塑化，再通过操作人员不停地翻炼，使混合料进一步扩散、混合塑化均匀。混炼过程中，辊温、辊速比、辊距、时间和容量对混炼效果有明显影响。辊温偏低，粒料难以塑化，过高则会烧料。双辊开炼机前后辊筒的速比恒定时，辊距越小则两辊间速度梯度越大，原料通过辊间时受到的摩擦、剪切、挤压作用越大。混炼辊距一般采用 1. 5～2. 5mm；混炼时间一般 5～6min 即可达到塑炼要求；混炼容量主要取决于双辊开炼机的规格，本实验所用的加料量一般为 0. 5～1kg。

模压成型是热固性塑料及橡胶加工中常见的成型方法，将物料放置于特定的模具中，通过热和压力的作用，在反应温度下进行一定时间的固化反应或交联反应而制得相应的制品。对于热塑性塑料而言，可根据制件具体的形状要求，采用合适的模具进行热压成型，成型温度理论上在塑料软化点至熔点之间，可实现短时间的快速成型，在保持模压的情况下进行下一阶段的冷压操作，最后脱模、冷却定型后得到相应合格的制品。对于热敏性的塑料，模压的温度及时间控制尤为关键，过高的温度或长时间模压会造成烧料，影响制品的使用性能。压力对于制品的质量有较大影响，模压不足会造成充模不满，形成制品的缺陷；过高的模压则会使模具发生变形，进而影响制件的质量。

实验的工艺路线为：物料称量→双辊混炼→放片→模压成型

三、实验原料及主要仪器设备

表 4-7 实验原料、规格及设备信息

原料及设备名称	用量/规格	用途说明
聚氯乙烯	100g	用作基体树脂
钙锌稳定剂	20g	提高树脂的热稳定性
己二酸二辛酯	10g	用于增塑
轻质碳酸钙	30g	用于填充
色母粒	适量	用于调色
开放式热炼机	1 台(见图 4-6)	树脂混炼
平板硫化机	1 台(见图 4-6)	树脂模压成型
辅助工具	—	用于劳保、混合等

表 4-8 开放式热炼机工作参数

名称	参数	名称	参数
辊筒工作直径	160mm	前辊筒线速度	8.95m/min
辊筒工作长度	320mm	辊筒速比	1∶1.35
后辊筒转速	24r/min	最大辊距	4.5mm
前辊筒转速	17.8r/min	最小压片厚度	0.2mm
后辊筒线速度	12.06m/min	一次加料量	1~2kg

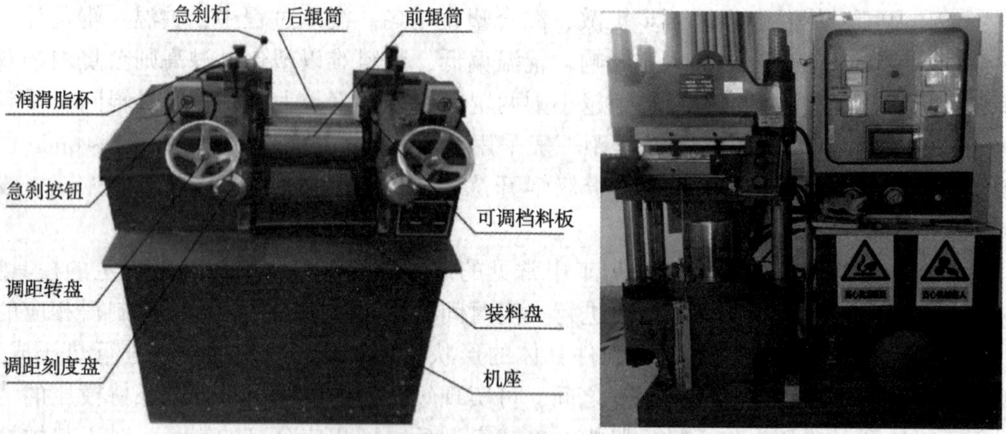

图 4-6 SK-160 开放式炼胶(塑)机及平板硫化机

四、实验步骤

1. 混合和塑炼

(1) 打开双辊混炼机的总电源开关及电气控制柜的电源开关，白色的通电指示灯亮。

（2）分别打开前、后辊的加热开关，根据物料所需的塑化温度，设定好前、后辊调压器的加热电压（把调压器电压调到 220V 时，为全功率加温）。在辊筒达到所需温度前，应把电压逐渐向下调节，一直调至温度稳定不变为止。

（3）旋转开炼机前方的调距转盘，设定好双辊之间的间隙。

（4）双辊加热需 30min 左右，确保温度稳定后，按主机启动按钮，启动双辊开炼机。

（5）将托料盘放到辊筒的下方接料，把原料缓缓加到两辊之间的间隙中，把从间隙中漏下的原料尽快再回加到辊隙中混炼。待原料塑化并包住辊筒后，适当放宽辊隙，同时用刮刀将塑化的物料刮下，拉成料带，折叠翻转送回辊筒间隙混炼，不断反复辊压，以利于物料的充分混合。将物料进行提前预热再加入双辊机开炼可以缩短操作时间，并提高混合效果。

（6）在开炼过程中随时观察共混物的表面状态，若外观光洁、色泽均匀、料片截面观察不到粉状物料且有一定强度时，将双辊间隙调整至需要的料片厚度辊压 2~3 次，从辊筒表面割断料片并迅速牵引出料摊放平整，趁热将片料裁剪成需要的尺寸。

2. 模压成型

（1）准备阶段：在混合和塑炼过程中，接通平板硫化机的电源，在数控面板上点击打开温度开关，设置模压温度 160℃，并把平板坯料模具置于加热板上预热。

（2）预热阶段：将 PVC 薄片按压模板框尺寸大小剪成多层片材，选多片叠加放在 100~120℃的烘箱中预热 10min。

（3）加压阶段：将预热的塑料片转移至平板坯料模具中，开动硫化机加压，使压力表指针指示到所需的工作压力，经 2~7 次卸压放气后，在工作压力下保温压制 5min 后，移出模具至冷压机继续冷压 30min。

（4）出模阶段：待冷压结束后卸压起模，打开模具取出制品。

3. 结束实验

（1）混炼实验结束后，应趁热将两条辊筒用防锈油涂抹均匀，以免锈蚀。

（2）关闭电气控制柜前、后辊的加热电源开关，任其自然冷却，当温度降到 100℃以下时，方可按主机停止按钮，停止辊筒运转。

（3）把前、后辊调压器的电压调回零位。

（4）用调距转盘将双辊之间的间隙调整到 2mm 以上。

（5）关闭电气控制柜的总电源开关，关闭平板机电源，将装料托盘清理干净，整理好现场。

五、注意事项

1. 双辊转动时，手不能接近辊筒的间隙处，塑炼时双手尽量避免越过辊筒水平中心线上部，送料时手应作握拳状。割刀须在辊筒水平中心线以下部位操作。

2. 正常停车时，不要使用紧急装置停止设备运转，不要使用坚硬的金属物体碰撞双辊表面，以免碰伤双辊表面。

3. 调整辊距时应左右均匀调节，严禁辊矩为零。在使用小辊距，即小于 0.5mm 压片时（指空载距离，不是压片厚度，实际压片厚度大于此值）辊间必须包有材料，在断料前应立即松开辊距以保护辊筒表面不致擦伤。

4. 实验时发现杂物进入辊筒间隙或发生人身紧急事故时，须立即拉动安全拉杆或按下急停按钮，使双辊停止转动。

5. 在进行模压成型时，要注意烫伤的风险，脱模及模具搬运时必须佩戴加厚的石棉手套，避免任何裸露的皮肤与模具直接接触。如果意外烫伤，应立即用大量的冷水冲洗伤口，减轻伤害。

六、思考题

1. 影响热炼机混炼质量的主要因素有哪些？
2. PVC 模压温度和时间对制品质量影响如何？两者之间关系如何协调？
3. PVC 模压制件的表面出现色泽不均、气泡、开裂等现象的原因是什么？
4. 热塑性塑料模压成型排气不畅该如何解决？

实验 4.5　橡胶开炼

一、实验目的

1. 明确开炼机的结构及工作原理，能对其适用的橡胶材料进行甄别和配方设计。

2. 明确开炼机加工的关键参数，能根据橡胶的配方设计开展开炼混合实验。

3. 掌握橡胶开炼过程的关键工艺参数对成型制品的影响，能分析和处理开炼过程中的常见问题。

二、实验原理

橡胶的混炼就是将各种配合剂与塑炼胶在机械力作用下混合均匀，制成混炼胶的过程。混炼的关键是使各种配合剂完全均匀地分散在橡胶中，保证胶料的组成和各种性能均一。判断混炼胶混炼效果主要从制品的物理机械性能和加工性能两方面进行。

当胶料加到辊筒上时，两个辊筒以不同的线速度相对回转使胶料挤压，在摩擦力和黏附力的作用下，胶料被拉入辊隙中形成楔形断面的胶条。辊隙中的物料受到速度梯度、挤压剪切和温度的作用而被碾压、撕裂，部分橡胶分子链发生氧化断裂。从辊隙中排出的胶片包覆在辊筒上(一般为前辊)，又重新返回两辊间隙，多次反复完成炼胶作业。为使橡胶混炼均匀，除了控制辊距的大小、辊温(小于 90℃)外，还必须按一定的加料混合程序操作。加料的原则为：量少难分散的配合剂先加到塑炼胶中；量多易分散的配合剂后加；硫化剂通常最后加入，因为一旦加入硫化剂，过长时间的混炼易使胶料焦烧，不利于后续的成型工序。

开炼机混炼过程可分为包辊、吃粉和翻炼三个阶段。包辊是开炼机混炼的前提，橡胶包辊后(见图 4-7)，为使配合剂尽快混入橡胶中，在辊缝上端应保留有一定的堆积胶。当加入配合剂时，由于堆积胶的不断翻转和更替，便把配合剂带进堆积胶的皱纹沟中，并进而带入辊缝中，配合剂混入胶料的这个过程称为吃粉阶段，混炼的第三个阶段为翻炼。

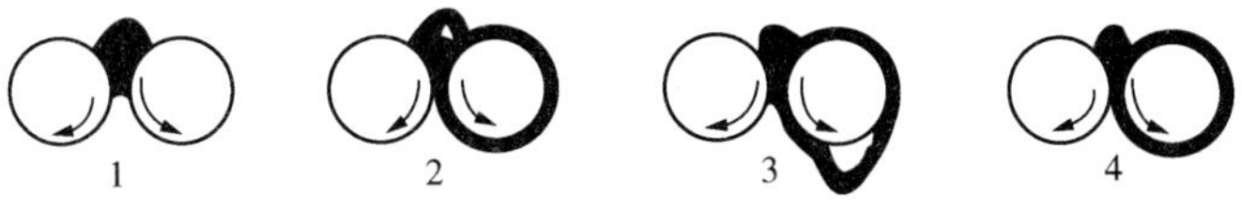

图 4-7　橡胶在开炼机中的几种状态

1—橡胶不易进入辊缝；2—紧包前辊；3—脱辊成袋囊状；4—呈黏流包辊

三、实验原料及主要仪器设备

表 4-9　实验原料、规格及设备信息

原料及设备名称	用量/规格	用途说明
天然橡胶	100g	橡胶基体原料
氧化锌	5.0g	活化剂，提高硫化速度

续表

原料及设备名称	用量/规格	用途说明
硬脂酸	2.0g	活化剂，提高硫化速度
促进剂 TT	1.5g	噻唑类的超硫化促进剂，提高硫化速率
促进剂 DM	0.5g	噻唑类通用型促进剂
轻质碳酸钙	20~60g	用作填充助剂
硫黄粉	1.5~2.5g	用于橡胶的硫化剂
开放式炼胶机	1台/XK-230A(见图4-8)	用于橡胶的混炼
辅助工具	—	用于称量、劳保防护等

图4-8　XK-230A型双辊筒开放式炼胶机

1—前辊；2—后辊；3—挡板；4—大齿轮传动；5，8，12，17—机架；
6—刻度盘；7—控制螺旋杆；9—传动轴齿轮；10—加强杆；11—基础板；
13—安装孔；14—传动齿轮；15—传动轴；16—摩擦齿轮；18—加油装置；
19—安全开关箱；20—紧急停车装置

四、实验步骤

1. 实验准备

(1) 开车前必须穿戴好劳保用品，例如口罩、实验服等。

(2) 检查各机台紧固件有无松动，损坏。

(3) 检查刹车装置、安全反转装置是否完好、有效、灵敏。

(4) 应检查两轴辊筒无异物，各部分是否正常，经检查后方能通电启动。

(5) 在老师指导下，按机器的操作规程开动开放式炼胶机，观察机器是否运转正常。

(6) 拟定实验配方及各项成型工艺条件。

2. 实验过程

(1) 开启开炼机：首先开启控制箱或面板上总电源开关，然后按下机器的绿色启动按钮。

(2) 包辊：在两组相对回转辊筒投料前调整辊距，以顺时针旋转为减距，逆时针为增距，至辊缝上部有适当的堆积胶为准。将塑炼胶置于开炼机两挡板间，通过辊筒旋转牵引使塑炼胶顺利包辊。经 2~3min 的辊压、翻炼后，胶料均匀连续地包裹在前辊上并形成光滑无隙的包辊胶层。取下胶层，放宽相距至 1.5mm 左右，再把塑炼胶投入辊缝中使其包于前辊，然后加入配合剂。

(3) 吃粉：不同配合剂按如下顺序分别加入：固体软化剂→促进剂、防老剂和硬脂酸→氧化锌→补强剂和填充剂→液体软化剂→硫黄粉，具体加料可根据实际情况来定，但硫黄一般最后添加。

(4) 吃粉过程中每加入一种配合剂后都要捣胶两次。在加入填充剂和补强剂时要让粉料自然地进入胶料中而不必急于捣胶，同时还需逐步调宽辊距，使堆积胶保持在适当范围内。待粉料全部吃进后，从中央处割刀分往两端，加快吃粉进度并促使混炼均匀。

(5) 翻炼：待全部配合剂加入后，将辊距调至 0.5~1.0mm，采用三角包、打卷或折叠及走刀法(3/4 刀)等对胶料进行翻炼 3~4min，待胶料的颜色均匀一致、表面光滑即可下片。

(6) 胶料下片：混炼均匀后，将辊距调至适当大小，胶料辊压出片。左右各划刀两次，操作时要先划刀，后上手拿胶，若胶片未划下禁止硬拉硬扯。

(7) 混炼结束后空转 2min 后停机，关冷却水，打扫接胶盘并把余胶清理干净。

五、注意事项

(1) 正常停车时严禁使用刹车或安全反转装置。刹车或突然停电后，必须将辊缝中的胶料取出后方能开车，严禁带负荷启动。

(2) 调节辊距左右一致，以免损伤辊筒和轴承。减小辊距时应注意防止两辊筒因相碰而擦伤辊面。

(3) 炼胶过程中，炼胶工具、杂物不准乱放在机器上，以避免工具掉入机器中损坏机器。

(4) 割刀时必须在辊筒的水平中心线以下部位操作。

(5) 塑炼和混炼时禁止戴手套操作，机器运行时，如发现积胶在辊缝处停滞不下时，不得用手按塞，严格按照要求防止夹伤，同时要束发进行操作。

六、思考题

1. 开炼的优缺点有哪些，如何根据配方设计来安排开炼加工的加料顺序？

2. 与合成胶相比，天然橡胶的混炼加工需要注意什么？

3. 混炼速比、间隙大小、辊温等对混炼胶的硫化成型及制件的物理机械性能会产生哪些影响？

4. 为什么说开炼过程中包辊很重要？橡胶不包辊或包辊不佳可以采取哪些措施解决？

实验 4.6　橡胶密炼

一、实验目的

1. 明确密炼机的结构及工作原理，能对其适用的橡胶材料进行甄别和配方设计。

2. 明确密炼机加工的关键参数，能根据橡胶的配方设计开展密炼混合实验。

3. 掌握橡胶密炼过程的关键工艺参数对成型制品的影响，能分析和处理密炼过程中的常见问题。

二、实验原理

橡胶制品的密炼成型工艺一般包括生胶塑炼、配合、胶料密炼混合、硫化成型等，如图 4-9 所示。橡胶制品的成型由配方设计开始，根据产品的用途选择合适的胶种，并根据性能指标确定活化剂、促进剂、防焦剂、加工油、填充剂及硫化剂等的种类及含量。因此，需要借助文献及工具书对配合剂的种类及含量进行甄别。待配方确定后，即进入橡胶制品的成型加工工段。橡胶生胶与配合剂的混合称之为混炼，通常采用开放式炼胶机、密炼机来完成。较之开炼机，密炼机对橡胶配合的混炼更具优势，且混炼效果更佳，例如混合更均匀、效率高、产品性能指标更加稳定、加工过程密封污染小等。

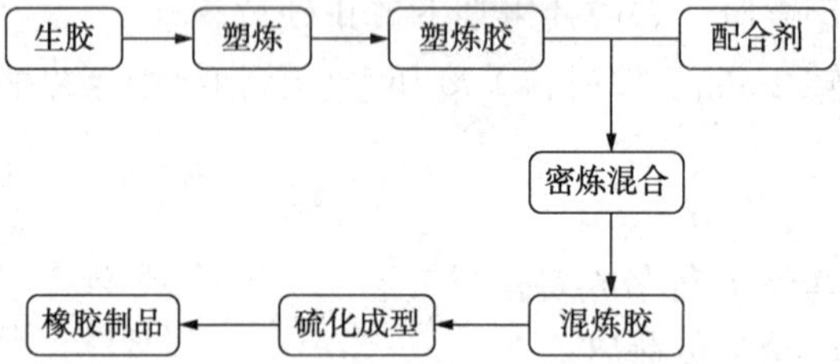

图 4-9　橡胶制品工艺过程

生胶是线型高分子化合物，在与配合剂混炼之前，大多需要进行塑炼。生胶塑炼是为了提高胶料的可塑性，降低弹性，便于加工，同时使配合剂在加工中更易均匀分散在橡胶基体中。塑炼的实质是生胶大分子在机械力、氧、热的作用下发生解缠结甚至断链的过程，伴随着物理及化学变化。塑炼后的胶料流动性得到显著改善，便于压延、压出操作，使胶胚形状和尺寸稳定；同时，胶料的黏着性增大，方便成型操作。另外，塑炼可以提高胶料在溶剂中的溶解性，便于制造胶浆，并降低胶浆黏度，使之易于深入纤维孔眼，增加附着力；改善胶料的充模性，使模型制品的花纹饱满清晰等。

本实验选用密炼机对天然橡胶进行塑炼，然后添加配合剂密炼得到天然橡胶混炼胶。生胶置于密炼机中，在两转子相对回转下，将来自加料口的物料夹住带入辊缝，接受转子的挤压和剪切，胶料穿过辊缝后碰到下顶栓尖棱被分成两部分，分别沿前后室壁与转子之间缝隙再回到辊隙上方。胶料在常温(小于 50℃)下反复受到机械力的作用，使分子链发生解缠结或断裂，同时断裂后的天然橡胶大分子在空气中的氧及摩擦热的作用下产生自由基，并诱发一系列催化氧化连锁反应，使橡胶大分子链发生降解，使生胶从原先高韧高弹变为柔软可塑，满足加工的要求。此外，塑炼的时间、温度、塑炼工艺及是否加入塑解剂也影响塑炼的效果。

密炼机的混炼过程较复杂，其大致的过程如图 4-10 所示，可分为加料、细分、混入、分散、均匀等几个阶段。

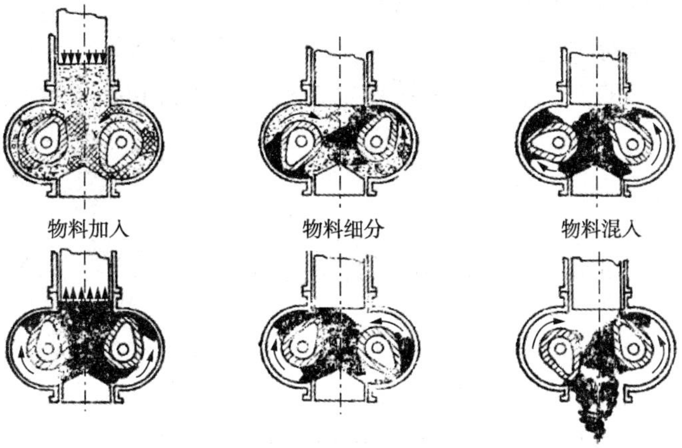

图 4-10　炼胶过程示意图

密炼机混炼的优点如下：①密炼机转速高，生产能力大；②转子转速的断面结构复杂，转子表面各点与轴心距离不等，因此产生不同的线速度，使两转子间的速比变化很大，促使生胶受到强烈的摩擦、撕裂和搅拌作用。此外，胶料不仅在两转子的间隙中受到剪切作用，而且还在转子与密炼室壁之间以及转子与上下顶栓的间隙之间受到剪切作用，因此可以得到较高的塑炼效果；③转子的短突棱具有一定倒角，能使胶料做轴向移动和转动，起到开炼机手工捣胶的作用，使胶料混炼均匀；④密炼室的温度较高，能使生胶受到剧烈的氧化裂解作用，使胶料能在短时间内获得较大的可塑性。

三、实验原料及主要实验仪器

表 4-10　实验原料、规格及设备信息

原料及设备名称	用量/规格	用途说明
天然橡胶	1.0~1.5kg	用作橡胶基体
氧化锌	50~75g	用作活化剂
硬脂酸	20~30g	用作活化剂
促进剂 TT	15~22g	用作硫化促进剂，提高橡胶硫化速率
轻质碳酸钙	300~600g	用作填充剂
密炼机	1 台	用于橡胶的密炼混合
台秤及其他	—	辅助工具、劳保用品等

密炼机一般由密炼室转子、压料装置、卸料装置、传动装置、加热冷却及气压、电控系统等部分组成。混炼室带有夹套，可通入冷却水进行冷却，外部包裹加热片用以加热。转子两端采用圆锥形设计，通过滚轴安装在混炼室下，做不同转速的相对回转。压料装置由上顶栓及气缸组成，安装在混炼室上方。卸料装置由安装在混炼室下方的下顶栓和下顶栓锁紧机构组成。传动装置由电机、弹性联轴节、减速器和齿形联轴节等组成。加热冷却系统主要由管道和分配器等组成，以便将冷却水通入混炼室、转子等腔内循环流动，以控制胶料的温度。气压系统主要由气缸、活塞、气阀、管道和压缩空气控制站等组成，用于控制上顶栓以及防尘盖的升降。电控系统由电控箱、操作台和各种电器仪表组成，是整个机台的操作中心。

四、实验步骤

1. 开车前必须检查密炼室转子间无杂物，上、下顶栓，仪表、信号装置等完好，方可准备开车。
2. 开启主机、减速器和主电机冷却系统的进水阀和排水阀。
3. 开启空压机，保证压力表读数≥0.4MPa。
4. 启动设备电源，将控制箱上红色的“电源开关”顺时针旋开。
5. 按下加热开关，并设定塑炼所需温度，开始加热。
6. 待温度达到设定温度后，将橡胶加入密炼室中(用量约为1~1.5kg)。
7. 压料装置的上顶栓降落对物料加压，将压盖控制按钮向右旋至“压盖降”。
8. 按下转子转速控制面板上的“RUN“键，并旋转右侧旋钮至所需设定的转子转速，转速显示在面板显示屏上。
9. 待塑炼完全，添加除硫黄外的各种配合剂，按照上述设定条件继续对胶料进行混炼10min左右，均匀后将压盖控制按钮向左旋至“压盖升”，提起上顶栓。
10. 将转子转速控制面板右侧旋钮旋至零，并按下“STOP”键，使转子停止转动。
11. 按下“密炼室翻转”键，使密炼室翻转90°，用以排料。
12. 生产结束后，清洁密炼室、转子断面密封装置上的黏附物后，按下“密炼室回复”键。

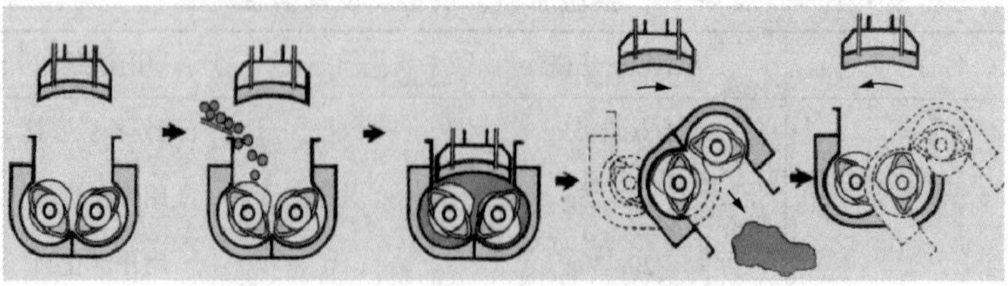

图4-11　实验步骤

五、注意事项

1. 顶栓(压盖)处于降落状态时，禁止按“密炼室翻转”键。
2. 当密炼机在混炼过程中因故临时停车时，在故障排除后，必须将密炼室内胶料排出后方可启动主电机。

3. 实验结束后，应及时清理密炼室、转子断面密封装置、压盖上的黏附物，清扫工作场地。

六、实验数据及处理

表 4-11　橡胶密炼实验数据记录

设备名称及型号		实验日期	
橡胶名称及牌号		实际配方/g	
投料顺序			
上顶栓压力/MPa		密炼温度/℃	
密炼时间/min		转子转速/(r/min)	

七、思考题

1. 密炼的优点有哪些，密炼过程中橡胶助剂的添加有何讲究？
2. 如何从密炼后混炼胶的状态或检测数据判断密炼混合是否达标？
3. 密炼转子结构、密炼室温度、密炼时间等对制品的物理机械性能会产生哪些影响？
4. 如果密炼过程中发现胶料始终无法有效吃粉，有哪些解决方案？

实验 4.7　泡沫塑料成型

一、实验目的

1. 明确塑料泡沫成型的原理，能对泡沫成型的原料进行筛选和配方设计。
2. 明确塑料泡沫成型的工艺流程，能开展相关的实验操作。
3. 掌握泡沫成型过程中的关键参数对其制品的影响，能分析和处理成型过程中常见的问题。

二、实验原理

在发泡成型过程或发泡聚合物材料中，通过物理发泡剂或化学发泡剂的添加与反应，形成了蜂窝状或多孔状结构。一般而言，气泡的产生分为物理发泡、化学发泡和机械发泡三种。物理发泡是在塑料中溶入气体或液体，而后使其膨胀或汽化发泡。化学发泡是由加入的化学发泡剂受热分解或原料组分间发生化学反应而产生的气体，使塑料熔体充满泡孔。化学发泡剂在加热时释放出的气体有二氧化碳、氮气、氨气等。机械发泡是借机械搅拌方法使气体混入液体混合料中，然后经定型过程形成泡孔的发泡方法。此法常用于脲甲醛树脂、聚乙烯醇缩甲醛、聚乙酸乙烯、聚氯乙烯溶胶等。

发泡成型的过程一般包括泡核形成、泡核生长或扩大以及泡核的稳定三个阶段。在给定的温度与压力条件下，气体的溶解度下降，以致达到饱和状态，使多余的气体排除并形成气泡，从而实现成核。气泡核是指原始微气泡，即气体分子最初聚集的地方，气泡核的形成阶段对成型泡沫体的质量起着关键作用。气泡形成后，气体受热膨胀，促进气泡不断合并、增长。影响液体中气体膨胀的因素很多，具体可分为两大类：一是原材料，包括原材料的品种及用量，如发泡剂的类型、溶解度和扩散系数等；二是成型加工条件，包括成型工艺过程、工艺条件和设备结构参数等，如成型的温度、压力、剪切速度和模头的几何参数等。为了得到泡孔均匀、细密、质轻的优质泡沫塑料，在发泡成型时，应在熔体中同时形成大量分布均匀的气泡核和过饱和气体。形成的气泡在不断胀大的过程中，壁厚逐渐变薄，会趋向破裂，因此，后期气泡的稳定是制备合格发泡塑料的指标之一。

本实验制备聚氨酯泡沫塑料，是将含有羟基的聚醚树脂或聚酯树脂与异氰酸酯反应构成聚氨酯的主体，气泡来源于过量的异氰酸酯与水反应生成的二氧化碳气体，属于化学发泡。在聚氨酯固化的过程中，伴随气泡的产生和生长，交联固化的聚氨酯所形成的密封树脂层将二氧化碳封闭在塑料基体中，形成聚氨酯泡沫塑料。

三、实验原料及主要的仪器设备

表 4-12　实验原料、规格及设备信息

原料及设备名称	用量/规格	用途说明
聚醚二元醇	50g/相对分子质量 3000	聚氨酯合成主原料
甲苯二异氰酸酯(TDI)	25.1g/>99%	聚氨酯合成主原料

续表

原料及设备名称	用量/规格	用途说明
三乙烯二胺	0.075g	固化剂
二月桂酸二丁基锡	0.125g	聚氨酯合成反应催化剂
甲基硅油	0.5g	分散剂
蒸馏水	2g	用于发泡反应的原料之一
电动搅拌机	1 台	用于合成反应中物料分散搅拌
塑料模具	1 副	成型泡沫塑料用
烘箱	1 台	用于泡沫成型的设备，供加热
其他辅助工具	电子天平、烧杯、玻璃棒等	辅助物品

四、实验步骤

1. 用塑料片、木板或硬纸板制作一个盒装的模具，模腔内放纸张，以利于泡沫塑料脱模。

2. 将各种原料按下列四组分别进行称量。

（1）①聚醚 48g；②聚醚 2g 和三乙烯二胺 0.075g；③蒸馏水 2g，二月桂酸二丁基锡 0.125g 和甲基硅油 0.5g；④甲苯二异氰酸酯(TDI)25.1g。

（2）分别将②、③组分用玻璃棒搅拌均匀，然后将①、②、③组分合并于搪瓷杯中，并搅拌均匀。

（3）将④TDI 倒进盛有上述①、②、③三组分的搪瓷杯中，立即开动电动搅拌器，3~5s 内搅拌均匀。随即将搅拌均匀的混合物倒入开口的模具中，此时甲苯二异氰酸酯和聚醚在催化剂作用下生成聚氨酯树脂，甲苯二异氰酸酯和蒸馏水作用产生二氧化碳并分散在树脂中进行发泡。

（4）待模具中的混合物泡沫形成并稳定后，将模具连同泡沫体一起放入 80℃ 的烘箱中加热熟化，使反应完全，用手接触制品不发黏即可。加热熟化时间的长短视泡沫体的厚度而定，也可在常温下停放稍长时间(约 24h)，使其低温熟化。

（5）改变配方组成及蒸馏水量，按上述步骤依次重复，制取不同密度的聚氨酯泡沫塑料。

（6）测定聚氨酯泡沫塑料的表观密度值。

五、注意事项

1. 搅拌必须均匀，否则制成的泡沫塑料的泡孔大小不一，影响制品密度的均匀性。

2. 混合后的物料灌模具的速度要快，否则混合料在未填充进模具前便发泡，而使实验失败。

3. 在模具内腔衬垫纸张时，纸张必须全部覆盖模具壁，否则制品与模壁相连，造成脱模困难或损坏制品。

4. 实验操作时，药品(尤其是 TDI)不要接触皮肤，防止中毒，操作规范，做好防护。

5. 本实验是在简易模具中完成，考虑到实际工艺需求，也可采用模压及金属模具配合完成发泡。

六、实验数据及处理

表 4-13　聚氨酯泡沫塑料成型工艺参数记录

实际配方/g					
电动搅拌速率/（r/min）		电动搅拌时间/s		熟化温度/℃	
熟化时间/min		样品厚度/mm		样品表观密度/（g/cm³）	
样品实物图片及现象记录					

七、思考题

1. 写出聚醚和 TDI 聚合反应的方程式。
2. 试讨论本实验中各原料操作使用中需要注意的问题及其影响。
3. 简述聚氨酯泡沫塑料成型及发泡质量的关键因素。
4. 切开所制得的泡沫塑料，观察泡孔分布的情况，讨论影响孔径大小和分布均匀程度的各种因素。

实验 4.8　模具组装

一、实验目的

1. 了解高分子材料注塑模具的主要结构、动作过程和作用。
2. 观察模具成型零件、导向机构、分型面和顶出机构。
3. 掌握塑料注塑模具的装配及拆卸方法。
4. 掌握模具零件尺寸的测量方法。
5. 根据模具零件的作用，了解和掌握模具零件材料的选择方法。
6. 根据模具零件的作用绘制零件图和模具装配图，并完成零件尺寸和技术要求的标注。

二、实验原理

高分子材料注射成型模具是用来注射成型高分子材料制件的装置。高分子材料经过注射机均匀塑化后通过喷嘴注射进入成型模具。高分子物料熔体从注塑机料筒出来，经主流道、分流道和浇口进入模具型腔，充模成型，经冷却开模得到所需形状的制件。注射成型模具需要配合注塑机完成闭模、塑料熔体的输送、冷却定型、开模、制件顶出等一系列工艺过程。注塑模具的结构影响到成型制件的质量和生产效率。

通过对注塑模具的装配和拆卸使学生对注塑模具结构有更清晰的认识，对模具动作过程更加了解，并加深对模具中各种典型零件的使用要求的理解。

三、主要设备和工具

注塑模具、钳工平台、游标卡尺、钢直尺、内六角扳手、台虎钳、螺丝刀、榔头、铜棒、托盘、棉纱布等。

四、实验步骤

1. 模具的剖析

(1) 注塑模具总体结构分析：

① 分型面选择、方向和位置的确定。

② 表面质量要求，考虑浇口痕迹、顶件痕迹及熔接痕的影响。

③ 有无侧向抽芯，如有，抽芯距离多大。

(2) 浇注系统分析：分流道布置形式、截面形状及尺寸、浇口位置选择及浇口类型、尺寸等。

(3) 成型零件结构分析：型腔、型芯结构设计、镶拼部位及装配要求。

(4) 侧抽芯机构分析：采取何种类型的侧向抽芯机构，对该机构各组件零件的设计要求，倾斜角参数的确定。

(5) 冷却系统设计分析：冷却水道布置、冷却水密封问题及冷却水孔的孔径。

(6) 顶出机构分析：采取何种类型的顶出机构、顶出机构中各零件的设计，如顶杆设计、顶杆直径、结构及长度等、顶出行程、顶出机构导柱的安装位置及直径、反推杆设计等。

(7) 顺序分型机构设计：机构的动作原理、所组成的各种零件需满足的条件。

(8) 导向机构分析：采取何种导向、定位机构，如导柱的布置、导柱长度、导柱结构及直径。

(9) 固定板、垫板：型腔分布的间距、型腔及型芯的固定形式、模板的厚度确定、螺钉及销钉的分布、模板平面尺寸的确定。

(10) 模具安装部位结构。

2. 对模具进行拆卸和装配

(1) 将动、定模分开置于钳工桌上，观察模腔形状与结构，分析分型面，推测制品结构和形状。

(2) 拆卸定模零件，注意相关零件之间的配合及位置关系，测量主要零件的尺寸，并做好记录。

(3) 拆卸动模零件之前，注意观察脱模机构的组成，顶出距离，各相关零件之间的配合及位置关系。然后拆卸动模零件，测量主要零件的尺寸，并做好记录。

(4) 将动模部分和定模部分分别组装成一个整体，装配时注意零件的方向和位置，不得弄错方向或反装，一边组装一边检查，注意零件的编号位置等。装配前用干净的棉纱布擦拭零件。

(5) 将动模和定模合模，完成装配工作，注意合模时的方位。

五、注意事项

1. 在拆卸和装配时，要正确地使用工具，不能用榔头直接敲击模具零件，只能用铜棒敲击或垫上木板敲击；拆卸、装配模具时，应听从教师指导。

2. 对违反操作、损坏零件者需要做出一定的赔偿。

3. 注意安全操作，防止砸伤等意外事故的发生。

六、实验数据及处理

表 4-14　注塑模部位及主要零部件相关参数记录

模具名称			实验日期	
浇注系统	浇口类型		浇口尺寸/mm	
	分流道截面形状		分流道截面尺寸/mm	
侧抽芯机构	类型		倾斜角/(°)	
冷却系统	水道布置类型		孔径/mm	
顶出机构	顶杆直径/mm		顶杆长度/mm	
导向机构	导柱直径/mm		导柱长度/mm	
主要零件	型芯结构及尺寸		型腔结构及尺寸	
	固定板尺寸 (长×宽×高)/mm		底板尺寸 (长×宽×高)/mm	
注塑模具装配图(比例 1∶2)，采用 CAD 作图。				

七、思考题

1. 你所拆装的模具结构特点有哪些？

2. 拆卸和装配模具时，需特别注意的问题有哪些？

3. 注塑模具主要零件有哪些？它们的功能如何？

4. 对你所拆装的模具，提出自己的看法，论述其设计的合理之处及需改进之处，有无更好的设计方案(整体或局部)。

第 5 章　高分子材料综合实验

高分子材料综合实验是高分子材料与工程专业的一门专业实践课程，是在完成高分子化学、高分子物理、高分子材料成型加工基础、高分子材料研究方法等专业基础课，以及塑料配混技术、橡胶加工技术、高分子化学改性、聚合物复合材料等课程的学习之后，所开展的一门专业综合实验课程。通过综合设计实验教学，培养具有创新意识的、知识和技能全面发展的、能综合运用各种专业知识的应用型工程技术人才；学生能对高分子材料科学基本理论进行运用，分析实验过程的现象和结果，掌握从高分子材料合成、制备到高分子材料成型加工、性能测试等实验基本方法和原理；具有较熟练的实验技能和一定的独立设计实验、解决实际问题的能力，为以后的学习和工作打下坚实的实践基础。

本部分的课程目标如下：

1. 能应用高分子专业知识、根据材料应用领域需求，设计合适的高分子材料合成、加工及改性方案。

2. 能根据实验方案搭建实验系统，通过文献调研，确定实验方法、准备实验材料与设备、运用研究方法、处理测试结果。培养学生比较和选择研究方法、设计合理实验方案的能力。

3. 能运用相关知识解释实验过程中遇到的问题、现象，并能提出解决方案。

4. 通过综合训练，使学生在高分子材料合成、加工、改性中能够了解其自身在团队中作为团队成员或负责人应承担的任务，更好地与团队成员协作完成指定任务。

本部分的实验要求如下：

1. 预习：理解实验原理，确立实验方案，了解主要仪器设备的原理和操作要求。

2. 实验操作：学会主要仪器设备的操作规程和安全注意事项，掌握实验步骤和各步骤的要点，认真观察、记录及分析实验现象，正确分析实验结果。实验结束后，对设备进行清理，整理实验工具，清洁实验室地面。实验记录经指导教师查阅并签字后，方可离开实验室。

3. 实验报告：独立完成实验报告，实验报告应字迹工整、叙述简明扼要、结论清楚明了。完整的实验报告包括：实验题目、实验原理、方案、操作要点、数据处理、计算或作图、实验结果、分析和讨论。

实验 5.1　环氧树脂的制备、固化及表征

一、实验目的

1. 熟悉环氧树脂合成原理。

2. 掌握配方设计的方法，根据给出的实验设备及实验原料，通过文献查阅进行实验方案和配方设计。

3. 掌握环氧树脂的表征方法。

4. 能够发挥自身在团队中的作用，与团队成员分工合作完成指定实验项目。

二、实验概述

环氧树脂是指分子中至少含有两个反应性环氧基团的树脂化合物。环氧树脂经固化后有许多突出的优异性能，如对金属的黏着力很强、有卓越的耐化学腐蚀性、力学强度高、电绝缘性好、耐腐蚀等。此外，环氧树脂可以在相当宽的温度范围内固化，而且固化时体积收缩很小。环氧树脂的上述优异特性，使其广泛用于黏合剂(万能胶)、涂料、复合材料等方面。

合成环氧树脂的方法大致可分两类：一类是用含有环氧基团的化合物(如环氧氯丙烷)或经化学处理后生成的环氧基的化合物(如二氯丙醇)和二元以上的酚(醇)聚合而得；另一类是使含有双键的聚合物(如聚丁二烯)或小分子(如二环戊二烯)环氧化而得。双酚 A 型环氧树脂是环氧树脂中产量最大、使用最广的一个品种，它是由双酚 A 和环氧氯丙烷在氢氧化钠存在下反应生成的：

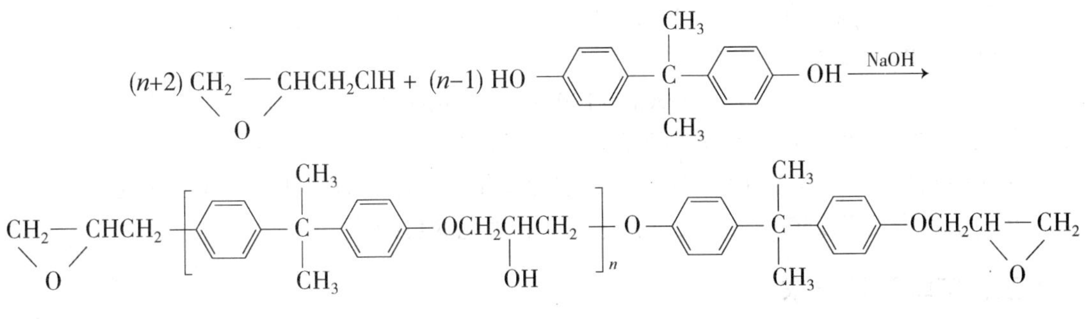

式中，n 值一般在 0~25 之间。根据相对分子质量大小，环氧树脂可以分成各种型号。一般低相对分子质量环氧树脂的 n 平均值小于 2，软化点低于 50℃，也称为软环氧树脂；中等相对分子质量环氧树脂的 n 值在 2~5 之间，软化点在 50~95℃之间；而 n 值大于 5 的树脂(软化点在 100℃以上)称为高相对分子质量环氧树脂。在我国相对分子质量为 370 的产品被称为环氧 618，而环氧 6101 的相对分子质量大约在 450~500。生产中树脂相对分子质量的大小往往是靠环氧氯丙烷与双酚 A 的用量来控制的，例如制备环氧 618 时这一配比为 10，而制环氧 6101 时该配比为 3。

在环氧树脂的结构中有羟基(—OH)、醚键(—O—)和极为活泼的环氧基存在。羟基、醚键有高度的极性，使环氧分子与相邻界面产生了较强的分子间作用力，而环氧基团则与介质表面，特别是金属表面上的游离键起反应，形成化学键。但是，环氧树脂在未固化前是呈热塑性的线型结构，使用时必须加入固化剂，固化剂与环氧树脂的环氧基等反应，变成网状结构的大分子，成为不溶不熔的热固性成品。环氧树脂所用固化剂主要有多元胺和多元酸，它们的分子中都含有活泼氢原子，其中液态多元胺类应用最广，如二亚乙基三胺、乙二胺。环氧树脂在室温下固化时还需要加入促进剂，如多元硫醇，以达到快速固化的效果。固化剂的选择与环氧树脂的固化温度有关，一般用多元胺、多元酰胺等，而在较高温度下固化时则选用酸酐和多元酸等。不同的固化剂，其交联反应也不同，现以室温下即能固化的乙二胺为例，它是按下列反应进行的：

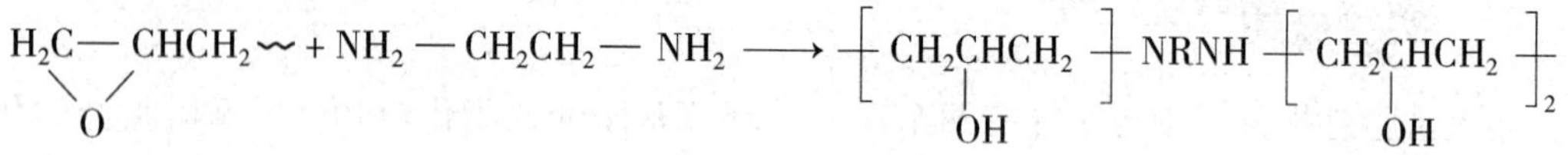

乙二胺的用量按下式计算：

$$m = E \times M / n \tag{5-1}$$

式中 m——每 100g 环氧树脂所需乙二胺的量，g；

M——乙二胺的相对分子质量(60)；

n——乙二胺上活泼氢总数(4)；

E——环氧树脂的环氧值。

实际使用量一般比理论上计算值要多 10%左右。固化剂用量对成品的机械性能影响很大，必须控制适当。固化剂的用量通常由树脂的环氧值以及所用固化剂的种类来决定。环氧值是指每 100g 树脂中所含环氧基的物质的量(mol)，应当把树脂的环氧值和环氧摩尔质量区别开来。两者关系如下：

环氧值=100/环氧摩尔质量

环氧摩尔质量为含 1mol 环氧基时树脂的质量(g)。

本实验制备环氧 618 或 6101 时以乙二胺为固化剂。乙二胺的作用是将环氧键打开，生成氧负离子，进而引发连锁开环反应，达到交联固化的目的。

三、实验设计要求

1. 实验前，确定分组，4~6 人/组，小组确定组长及组员并进行合理分工。
2. 环氧树脂的合成、表征、固化与性能作为实验方向。
3. 根据要求的指标，通过查阅有关资料确定方案。
4. 绘制工艺方框图。
5. 设计实验配方，选用适合的实验装置。
6. 通过实验验证，分析设计方案。
7. 撰写实验报告，进行实验成品、PPT 展示。

四、方法与内容提示

1. 环氧树脂的合成：选择不同结构的环氧树脂进行合成，也可选择不同的工艺进行合成。

2. 环氧树脂的结构表征：采用现代分析方法对环氧树脂进行表征，也可采用其他方法测定环氧树脂的性质。

3. 环氧树脂的固化：可以采用不同的固化剂、不同的用量与不同工艺研究环氧树脂的固化过程，也可采用不同的模具对其成型。

4. 环氧树脂的性能：可以对环氧树脂的配方进行设计，对环氧树脂的性能如电性能、阻燃性能、耐热性能、固化程度等进行测定、分析。

五、参考实验步骤

1. 结合文献资料，设计环氧树脂固化的实验配方，并准确称量各组分的含量。
2. 采用高速分散或普通搅拌设备对树脂、配合剂进行混合。
3. 一定时间后混合完毕，将不同配方的混合料注入特定的模具中等待固化。
4. 在适宜的固化温度和压力下使环氧树脂固化。
5. 开模取出环氧树脂制件进行性能检测，并整理收尾。

六、安全注意事项

1. 注意环氧树脂固化模具材质的选择，防止固化粘接现象。
2. 固化的温度、压力和时间可以通过实验探寻，实验前的资料查阅要充分。
3. 实验过程中要注意个人安全防护，确保实验安全顺利进行。

七、实验数据及处理

1. 完成并记录详细的实验过程。
2. 完成表 5-1 的数据记录。

表 5-1　环氧树脂制备、固化及表征实验参数记录

实验原料及牌号					
实验配方					
主要设备及型号					
树脂的制备					
搅拌温度/℃		搅拌时间/min		搅拌速度/(r/min)	
树脂的固化反应					
固化温度/℃		固化压力/MPa		固化时间/min	
树脂的性能表征					
热分解温度/℃	$T_{5\%}=$	$T_{10\%}=$	$T_{50\%}=$	$T_{终止}=$	
物理机械性能	拉伸强度/MPa		剥离强度/(N/m)		

八、思考题

1. 根据提示，计算具体聚合配方。
2. 确定聚合装置及主要仪器，画出聚合装置简图。
3. 确定聚合工艺条件，给出简要解释。
4. 试分析固化剂含量、固化温度及压力等因素对环氧塑件性能的影响。

实验 5.2　有机硅树脂的室温固化及表征

一、实验目的

1. 熟悉有机硅树脂合成原理。

2. 掌握配方设计的方法，根据给出的实验设备及实验原料，通过文献查阅进行实验方案和配方设计。

3. 掌握有机硅树脂的表征方法。

4. 掌握有机硅树脂室温浇铸成型的工艺方法，在团队分工合作下完成实验项目。

二、实验概述

有机硅聚合物是以硅氧键(—Si—O—Si—)为主链，通过硅与有机基团组成的侧链的半无机有机高分子化合物。结构的特殊性赋予了其许多优异的性能，如耐高低温、耐候、耐老化、耐腐蚀、低表面张力以及生理惰性等，从而使其在航空航天、电子电气、化工、交通运输、医疗卫生、人们日常生活等方面获得了广泛的应用。

有机硅树脂是高度交联的网状结构的聚有机硅氧烷，通常是用甲基三氯硅烷、二甲基二氯硅烷、苯基三氯硅烷、二苯基二氯硅烷或甲基苯基二氯硅烷的各种混合物，在有机溶剂如甲苯存在下，在较低温度下加水分解，得到酸性水解物。水解的初始产物是环状的、线型的和交联聚合物的混合物，通常还含有相当多的羟基。水解物经水洗除去酸，中性的初缩聚体于空气中热氧化或在催化剂存在下进一步缩聚，最后形成高度交联的立体网络结构(如图 5-1 所示)。

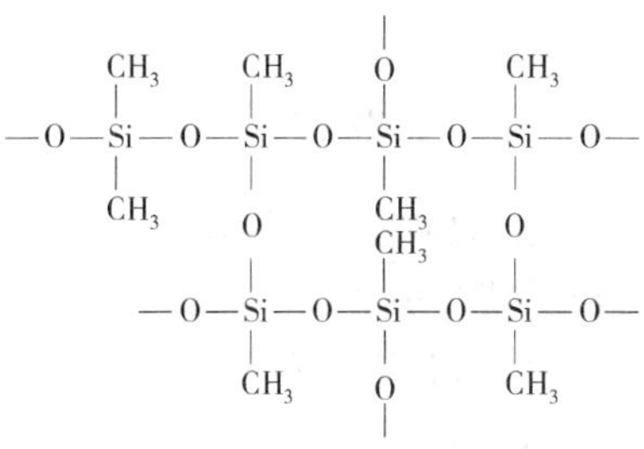

图 5-1　有机硅树脂的一般结构

通常有机硅化合物中，硅原子为四面体，轨道杂化的主要形式为 sp^3。硅化合物的主要形式有：

(1) 硅烷类，通式为 Si_nH_{2n+2}，硅上氢原子被有机基团取代后，可得各种有机硅烷，如 $(CH_3)_4Si$ 等。

(2) 硅氧烷和硅醇类，硅氧烷类是含有 Si—O—Si 链节的化合物，硅醇类是硅原子上带有羟基的化合物。

(3) 硅氮烷类和硅氨类，硅氮烷是指含有 Si—N—Si 单元，硅氨类是指氨基在分子链末端或作为侧基。其他还有硅硫烷类、含硅碳骨架类化合物、杂硅氧烷等形式。

有机硅树脂的固化交联主要有三种方式：

(1) 硅羟基之间的脱水缩合反应是树脂固化的主要方式。

(2) 利用硅原子上连接的乙烯基和硅氢进行的加成反应，通常在铂类催化剂作用下进行。

(3) 利用硅原子上的乙烯基，以有机过氧化物为引发剂通过自由基反应而交联，类似高温硫化硅橡胶的硫化方式。

硅树脂是一种热固性的塑料，它最突出的性能之一是优异的热氧化稳定性。250℃加热24h后，硅树脂失重仅为2%~8%。硅树脂另一突出的性能是优异的电绝缘性能，它在宽的温度和频率范围内均能保持其良好的绝缘性。

硅树脂含有机基团的数量即R/Si值是控制硅树脂质量的主要指标之一，有机硅树脂的固化性、漆膜柔韧性、硬度、耐热性及耐热开裂性等均与R/Si有关。一般线性硅油的R/Si略大于2，硅橡胶的R/Si接近于2，而硅树脂的R/Si在1.0左右。R/Si值越小，硅树脂的固化性能就越好，热失重越小，漆膜坚硬，但柔韧性降低，漆膜变脆，耐冲击强度降低；R/Si值越大，硅树脂就需要在高温(200~250℃)下长时间烘烤或是借助于催干剂作用进行固化，使柔韧性较好，漆膜硬度差，具有较好的抗冲击强度。

此外，硅树脂的性能还与有机基团R的种类密切相关，当有机基为—CH_3时，可赋予硅树脂热稳定性、憎水性、脱模性、耐电弧性；当有机基为—C_6H_5时，赋予硅树脂氧化稳定性，可提高树脂的热稳定性；当有机基为—$CH=CH_2$时，可改善硅树脂的固化性能并赋予偶联性；当有机基为苯基、乙基时，可改善硅树脂与有机物的共混性；当有机基为—$NH_2(CH_2)$时，可改进聚合物的水溶性，同时赋予偶联性；当有机基为长链烷基时，可提高硅树脂的憎水性。因此，可根据具体的性能要求选择带有不同基团的硅氧烷单体来制备硅树脂。

三、实验设计要求

1. 以有机硅树脂的固化、表征及室温浇铸成型作为实验方向，提前确定分组(4~6人/组)和成员分工。

2. 根据要求的指标，通过查阅有关资料确定方案。

3. 绘制工艺方框图。

4. 设计树脂及固化剂、助剂用量及配方，选择合适的模具。

5. 通过实验验证及测试分析手段，优化实验方案。

6. 撰写实验报告，进行实验成品、PPT展示。

四、方法与内容提示

1. 有机硅树脂的固化。

选择不同类型的有机硅树脂及固化剂，采用不同的固化剂、不同的用量与不同工艺研究有机硅树脂的固化过程，摸索最佳固化配方及工艺。

2. 有机硅树脂的结构和性能表征。

采用现代分析方法对有机硅树脂结构进行表征，也可采用其他性能测试的方法测试该树脂的力学性能。

3. 有机硅树脂的室温浇铸成型。

基于前期有机硅树脂的配方设计，选择不同的模具进行浇铸成型，探索影响最终制品性能的技术指标参数。

五、参考实验步骤

1. 按照设计配方称取相应含量的聚硅氧烷或生胶、填充剂、交联剂及催化剂等。
2. 按照单组分或双组分的配方配好相应的混合物。
3. 将混合物注入特定的模具中进行固化反应，例如哑铃状的聚四氟乙烯模。
4. 在室温下停放一定时间利于硅橡胶的固化交联，得到不同配方的硅橡胶制品。
5. 观察硅橡胶的外观，并检测物理机械性能以评价橡胶制品的性能。

六、注意事项

1. 要区分好室温单组分和双组分硅橡胶固化交联配方的差异。
2. 注意不同官能团的活性差异，在选择硅树脂后要制定适宜的混合固化方案。
3. 硅橡胶浇铸模塑成型中，可以适当考虑模压对硅橡胶件最终性能的影响。

七、实验数据及处理

1. 完成并记录详细的实验过程。
2. 完成表 5-2 的数据记录。

表 5-2　有机硅树脂固化成型及表征实验参数记录

实验原料及牌号					
实验配方					
主要设备及型号					
树脂混合与分散					
混合温度/℃		混合时间/min		混合速度/(r/min)	
树脂室温浇铸模塑成型					
固化温度/℃		固化压力/MPa		固化时间/min	
树脂的性能表征					
热分解温度/℃	$T_{5\%}$ =	$T_{10\%}$ =	$T_{50\%}$ =	$T_{终止}$ =	
物理机械性能	拉伸强度/MPa		断裂伸长率/%		

八、思考题

1. 根据提示，计算具体固化剂及助剂配方用量。
2. 熟悉树脂性能参数测试表征的主要仪器及操作方法。
3. 确定浇筑成型的工艺条件，分析不同配方或工艺参数制备的有机硅树脂性能差异的原因。

实验 5.3 海藻酸钠水凝胶的制备及缓释功能研究

一、实验目的

1. 了解海藻酸钠的结构及海藻酸钠水凝胶的制备方法。

2. 掌握配方设计的方法，根据给出的实验设备及实验原料，通过文献查阅进行实验方案和配方设计。

3. 结合原理及实验现象进行分析，进一步通过改进实验方案和配方设计获得不同性能的海藻酸钠水凝胶。

4. 能够发挥自身在团队中的作用，与团队成员分工合作完成指定实验项目。

二、实验概述

海藻酸钠是从褐藻类的海带或马尾藻中提取碘和甘露醇之后的副产物，其分子由 β-D-甘露糖醛酸和 α-L-古洛糖醛酸按(1→4)键连接而成(图 5-2)。海藻酸钠的水溶液具有较高的黏度，已被用作食品的增稠剂、稳定剂、乳化剂等。海藻酸钠是无毒食品，早在 1938 年就已被收入美国药典。海藻酸钠含有大量的—COO^-，在水溶液中可表现出聚阴离子行为，具有一定的黏附性，可用作治疗黏膜组织的药物载体。在酸性条件下，—COO^-转变成—COOH，电离度降低，海藻酸钠的亲水性降低，分子链收缩；pH 值增加时，—COOH 基团不断地解离，海藻酸钠的亲水性增加，分子链伸展。因此，海藻酸钠具有明显的 pH 敏感性。

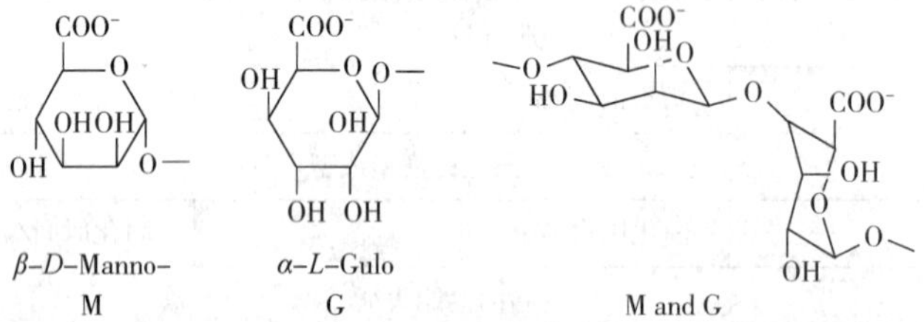

图 5-2 海藻酸钠的结构式

海藻酸钠的单体单元结构中有多个—OH。在一定条件下，羟基与羟基之间可以发生交联形成水凝胶。—OH 也可以直接与小分子交联剂(如戊二醛、环氧氯丙烷、硼砂等)反应，但这些交联剂均有一定的毒性，对水凝胶有潜在的毒性影响。海藻酸钠单体单元中有邻二醇结构，它可以被强氧化剂，如高碘酸钠($NaIO_4$)等氧化断裂形成两个醛基。一方面可以促进海藻酸钠的水解，另一方面，反应活性更高的醛基可以更快地与胺类物质反应，以提高反应效率、扩大其应用范围。例如，将改性后含醛基的海藻酸钠与酰肼衍生物中的氨基共价交联形成原位可注射水凝胶。通过改变衍生物的改性程度、浓度等，可得到机械强度可控的水凝胶。

安全无毒的醛基化海藻酸钠可以被用作交联剂使用，它的作用温和，相较于其他常用的双醛类交联剂能够大大减少对组织的损伤。醛基化的海藻酸钠还可以将其活性醛基与生物活性物质(如生物活性蛋白、RGD 多肽等)偶联接枝，从而提高材料的生物活性和与细胞特异性结合的能力，改善海藻酸盐这类材料在组织工程材料应用时，由于强亲水性而不利于蛋白吸附，也不具有细胞识别位点等问题。

海藻酸钠分子中含有 COO^- 基团，当向海藻酸钠水溶液中添加二价阳离子时，G 单元中的 Na^+ 会与这些二价阳离子发生交换，使海藻酸钠溶液向凝胶转变(如图 5-3)。海藻酸钠与多价阳离子结合的能力遵循以下次序：$Pb^{2+}>Cu^{2+}>Cd^{2+}>Ba^{2+}>Sr^{2+}>Ca^{2+}>Co^{2+}>Ni^{2+}>Zn^{2+}>Mn^{2+}$。虽然 Pb^{2+} 和 Cu^{2+} 的螯合能力比 Ca^{2+} 强，但是 Pb^{2+} 和 Cu^{2+} 具有一定的生物毒性，因此，当海藻酸钠水凝胶作为药物的释放载体时常选用 Ca^{2+} 作为交联剂。

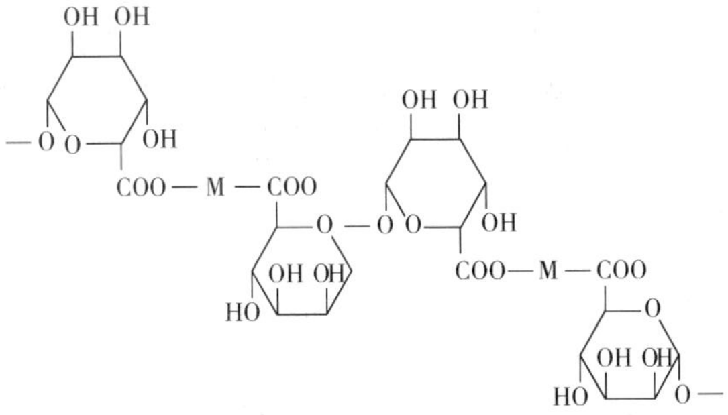

图 5-3　海藻酸与二价金属 M 络合物结构图

（M 为 Pb^{2+}，Cu^{2+}，Cd^{2+}，Ca^{2+} 等）

用 Ca^{2+} 交联制备海藻酸钠水凝胶常见的方法有三种：直接滴加法、反滴法和原位释放法。直接滴加法是把海藻酸钠的水溶液滴加到含有 Ca^{2+} 的水溶液中，钙离子由外向内渗透，凝胶粒子的外层交联密度较大。反滴法是将含有 Ca^{2+} 的水溶液滴加到海藻酸钠的水溶液中，钙离子由内向外渗透，凝胶粒子的内层交联密度较大。原位释放法一般采用碳酸钙($CaCO_3$)或乙二胺四乙酸钙(Ca-EDTA)与葡萄糖酸内酯(GDL)复合体系作为钙离子源制备水凝胶。GDL 在溶解的过程中会缓慢地释放出 H^+，H^+ 可以分解 $CaCO_3$ 释放出钙离子，形成均匀的凝胶。

三、实验设计要求

1. 实验前，确定分组，4~6 人/组，小组确定组长及组员并进行合理分工。
2. 海藻酸钠水凝胶的制备及性能调控作为实验方向。
3. 根据要求的指标，通过查阅有关资料确定方案。
4. 绘制工艺方框图。
5. 设计实验配方，选用适合的实验装置。
6. 通过实验验证，分析设计方案。
7. 撰写实验报告，进行实验成品、PPT 展示。

四、方法与内容提示

1. 海藻酸钠水凝胶的制备

可以选择不同的交联方法，也可选择不同的工艺进行制备。例如离子交联法：

① 在烧杯中放入约2g的海藻酸钠与100mL纯水，用搅拌棒搅拌10min(可陆续搅拌及在加热条件下进行)，放置5min后继续搅拌5min，静置后获得浓稠的海藻酸钠溶液。

② 用量杯量取300mL纯水倒入盆中，放入约3g的氯化钙搅拌均匀，获得清澈的氯化钙溶液。

③ 将海藻酸钠溶液滴入氯化钙溶液中，并浸泡一段时间，泡的时间越久弹性越好。在海藻酸钠溶液中加入少量的色素会得到彩色的水凝胶。

2. 海藻酸钠水凝胶的形态控制

采用不同的手法及工具获得球形、长条形、纺锤形等形状各异的海藻酸钠水凝胶。

3. 海藻酸钠水凝胶缓释功能的观测

可以采用食用色素制备彩色海藻酸钠水凝胶，并将彩色海藻酸钠水凝胶置于清水中观测色素的缓释现象。可采用紫外分光光度计测定吸附效率。

五、参考实验步骤

1. 小组成员通过文献检索确定选取何种海藻酸钠水凝胶制备法，如化学改性、交联或是离子交换交联法等。
2. 确定配方中各组分的含量，配制合适浓度的海藻酸钠水溶液。
3. 在合适的条件下进行凝胶的交联反应，注意此时色素原料的融入。
4. 通过外形模塑的控制制备不同形态的水凝胶。
5. 反应结束后，观察水凝胶的形态并检测其色素的缓释功能。

六、注意事项

1. 海藻酸钠水溶液的浓度对最终制备的水凝胶有明显影响。
2. 水凝胶制备过程中交联剂、色素的用量，pH及环境温度等对凝胶的形成也有影响。
3. 实验操作过程中注意清洁及个人防护。

七、实验数据及处理

1. 完成并记录详细的实验过程。
2. 完成表5-3的数据记录。

表5-3　海藻酸钠水凝胶的制备及表征实验参数记录

实验原料及牌号					
实验配方					
主要设备及型号					
水凝胶的制备					
制备方法		海藻酸钠水溶液浓度/(mol/L)		交联剂类型及用量/g	
pH		环境温度/℃		色素用量/g	

续表

水凝胶性能表征				
形态描述				
缓释功能（吸光度）				

八、思考题

1. 根据提示，计算具体配方。

2. 确定实验用具，画出实验装置简图。

3. 思考海藻酸钠水溶液浓度，氯化钙溶液浓度，滴加顺序，氯化钙溶液浸泡时间等因素对海藻酸钠水凝胶性能的影响。

4. 制备医用、药用或可食用的海藻酸钠水凝胶性可选择什么钙盐？

实验 5.4　塑料配方设计及性能表征

一、实验目的

1. 训练学生根据实验任务和内容进行产品配方设计的能力。
2. 强化学生对实验设备及塑料制品检测手段的掌握水平。
3. 锻炼学生独立思考、敢于创新、协作交流及对理论知识综合运用的能力。
4. 能够发挥自身在团队中的作用，与团队成员分工合作完成指定实验项目。

二、实验概述

作为日常生活最为常见的聚合物，塑料制品对国民经济及人们生活的影响显著。合格塑料制品的出现涉及产品的原始配方设计、加工工艺参数的调整及后处理要求。不同的应用领域对塑件的使用要求不同，作为一名合格的高分子专业工程师，需要学习并积累影响制品使用性能的因素，能通过配方的设计来获得产品的使用价值。另一方面，随着社会环保意识的不断增强，传统塑料加工也越来越关注制品的环保特性，而在制品的配方设计阶段所进行的调整会决定整个制品的环保属性。因此，从可持续发展的角度出发，塑料制品的配方设计要综合考虑。

三、实验设计要求

1. 实验前，确定分组，4~6 人/组，小组确定组长及组员并进行合理分工。
2. 从提示的方案中选择，确定本小组的实验任务及内容。
3. 绘制工艺流程图。
4. 根据选择的实验任务进行配方设计、加工及成型工艺参数的确定。
5. 通过造粒及标准试样的制备，分析聚合物材料的力学性能。
6. 撰写实验报告，进行实验成品、PPT 展示。

四、方法与内容提示

1. 塑料薄膜配方设计

以工业用的聚氯乙烯薄膜为对象，进行配方设计，具体指标：拉伸强度(纵向)≥14MPa，断裂伸长率(纵向)≥200%。

实验是在既定的性能指标要求下，通过配方设计的变化，制备满足使用要求的薄膜。在配方设计过程中，要确定原材料的品种、型号、用量等，聚氯乙烯薄膜的主要组成为软质聚氯乙烯树脂、稳定剂(三盐基硫酸铅、盐基亚磷酸铅)、增塑剂(邻苯二甲酸二辛酯、邻苯二甲酸二丁酯)、润滑剂(石蜡、硬脂酸酯)、填料(轻质碳酸钙、滑石粉、高岭土等)及颜料等，通过各组分的用量、配比等完成材料的配方设计。

实验的工艺路线为：配方设计→物料预混合→挤出吹膜→裁制样条→性能测试，性能若不符合要求，则按实验的工艺路线重新设计配方，直至薄膜性能满足设定的要求。因此，要求实验组员精诚配合，做好前期的准备工作，预先设计多组实验配方（配方设计要有相应的理论支持），保证实验能达到预期目标。

2. 聚氯乙烯助剂对板材性能的影响

聚氯乙烯板材属于硬制品范畴，硬制品聚氯乙烯配方中有稳定剂、加工改性剂、润滑剂、冲击改性剂及填料等，助剂的品种、用量对制品的各种性能影响很大。助剂的品种、用量变化如何引起制品性能的变化，随着助剂用量的增加其性能是改善还是下降，其中的规律性如何等是本次综合实验的目的。本实验助剂的变化规律一般如下（以 100 份 PVC 树脂为准）。

稳定剂的用量分别为：2.0、3.0、4.0、5.0、6.0；润滑剂分别为：0.2、0.6、1.0、1.4、1.6；加工改性剂分别为：1.0、2.0、3.0、4.0、5.0；填料量分别为：5.0、7.0、12.0、15.0、20.0；冲击改性剂变量为：5.0、7.0、9.0、11.0、13.0。也可以改变其他助剂的含量，实验过程中，对制品进行性能检测，测试项目为拉伸强度、冲击强度、硬度等。

实验工艺路线：配方设计→物料混合→塑炼→压制成板材→材制样条→性能测试。

由于实验配方较多，在实验过程中要发挥团队协作精神，每个小组完成一种助剂的变化实验，观察该种助剂对材料性能影响的规律。不同小组进行不同助剂的变化研究，最终形成助剂对制品性能影响的整体规律。

五、参考实验步骤

1. 选定实验任务及目的要求。
2. 根据文献调研的资料，确定配方设计的方案，各小组协调做好配合分工。
3. 将树脂及配合剂在热炼机上进行塑炼至混合均匀。
4. 根据实验方案设定的工艺参数（温度、压力、时间等），采用平板机对混合物料进行压制成型。
5. 对制件进行裁样，检测产品的力学性能，评价实验现象的规律性，形成总结报告。

六、注意事项

1. 各小组务必提前沟通进行实验配方的设计，小组长做好协调统一。
2. 塑炼及热压成型过程中要严格遵守操作规程，防止安全事故的发生。

七、实验数据及处理

1. 完成并记录详细的实验过程。
2. 完成表 5-4 的数据记录。

表 5-4　塑料配方设计及性能表征实验参数记录

实验原料及牌号	
实验配方	
主要设备及型号	

续表

塑炼参数					
塑炼温度		压力		时间	
压制成型参数					
模压温度		压力		时间	
性能表征					
物理机械性能	拉伸强度/MPa		断裂伸长率/%		

八、思考题

1. 选定某项实验内容的依据是什么？过程中有哪些需要注意的细节？
2. PVC 的工艺参数如何？加工中的注意事项有哪些？
3. 结合本次实验的结果，你认为可能的改进空间在哪？如何改进？
4. 对本次实验设计及过程的感想如何？

实验 5.5　聚丙烯阻燃材料的制备及性能表征

一、实验目的

1. 熟悉阻燃原理和阻燃配方设计的基本知识。

2. 掌握聚丙烯阻燃材料的成型工艺设计，根据给出的实验设备及原材料，通过文献查阅确定实验方案和成型工艺设计。

3. 掌握阻燃标准样条的制备方法。

4. 掌握聚丙烯阻燃材料阻燃性能的表征方法。

5. 能够发挥自身在团队中的作用，与团队成员分工合作完成指定实验项目。

二、实验概述

1. 聚丙烯物理性质

聚丙烯是一种产量仅次于聚乙烯和聚氯乙烯的通用塑料，其各方面性能均比较优越，但极易燃烧，氧指数(*LOI*)仅为 17%～18%。根据塑料的燃烧性，一般认为：*LOI*<22%属于易燃性塑料；*LOI*＝22%～27%属于自熄性塑料；*LOI*>27%属于难燃性塑料。因此，聚丙烯属于易燃性塑料。

2. 聚丙烯燃烧机理

聚丙烯的燃烧过程可以分为 5 个阶段：①加热；②分解；③引燃；④燃烧；⑤火焰的传播。聚丙烯受热过程中会分解产生可燃性的气体、液态产物、固体残渣和烟等。

3. 聚丙烯的阻燃机理

聚丙烯在空气中的阻燃过程可以分为上述 5 个阶段，当材料具有阻燃性时，便可使上述的 5 个阶段中的一个或多个终止，从而达到抑制燃烧的效果。这种阻燃性能通常是通过气相阻燃、凝聚相阻燃或中断热交换等机理来实现。气相阻燃指的是在气相中延缓或中断可燃气体的燃烧反应。凝聚相阻燃指的是在凝聚相中延缓或中断固态物质的热分解，阻止其产生可燃气体以此抑制燃烧反应。中断热交换机理指的是通过某种方式，将聚丙烯燃烧产生的部分热量转移走，从而降低聚丙烯的吸热量，使聚丙烯不能维持热分解温度，因而不能持续燃烧和产生可燃气体，燃烧就终止了。

4. 聚合物的燃烧性标准

现行的一些评价材料阻燃性能的测试方法有氧指数测定法、水平及垂直燃烧测定法、实验室锥形量热计法和烟密度测定法等。本实验采用氧指数测定法来评价聚丙烯阻燃材料的阻燃性能。氧指数测定法是在标准测试条件下，通过调整氮气和氧气的混合比例，使测试样条能够维持平稳燃烧。混合气体中氧气的最低浓度就是 *LOI* 值，以氧气的体积百分数值表示。

三、实验设计要求

1. 实验前，确定分组，4~6 人/组，小组确定组长及组员并进行合理分工。

2. 聚丙烯阻燃材料的原料选择、成型工艺及制品的表征作为实验方向(挤出造粒和注塑成型)。

3. 根据要求的指标，通过查阅有关资料确定实验方案。

4. 聚丙烯、不同种类阻燃剂的选择及用量确定。

5. 聚丙烯阻燃材料成型过程及成型工艺确定，制品的性能表征，绘制工艺流程图。

6. 通过实验验证设计方案，分析产品的性能。

7. 撰写实验报告，进行实验成品、PPT 展示。

四、方法与内容提示

1. 配方设计及设备选择

配方示例：

名　称	用量	名　称	用量
聚丙烯	500g	硅烷偶联剂	适量
聚磷酸铵	10g		
季戊四醇	5g		
三聚氰胺	3g		

主要仪器设备：

名　称	规格及用量	名　称	规格及用量
高速混合机	1 台		
双螺杆挤出机	1 台		
注塑机	1 台		

2. 聚丙烯阻燃材料阻燃性能测试

(1) 材料的阻燃性是指在规定的试验条件下，材料或制品进行有焰燃烧的能力。它包括是否容易点燃，以及能否维持燃烧的能力等有关的一些特性。材料阻燃性是安全使用性很重要的性能指标，常用的测试方法有很多，本实验主要采用极限氧指数、垂直燃烧法、锥形量热法、建筑材料燃烧法四种方法。

(2) 本实验对聚丙烯阻燃材料采用极限氧指数测定。极限氧指数是指在规定条件下，试样在氧、氮混合气流中维持平稳燃烧时所需的较低氧浓度。

五、参考实验步骤

1. 原料混合

按配方称好聚丙烯和硅烷偶联剂放入高速混合机中搅拌 5min，使硅烷偶联剂在聚丙烯颗粒表面黏附均匀，然后再加入阻燃剂，继续搅拌 5min 使各组分充分混合均匀。

2. 造粒

将混合好的物料加入同向双螺杆挤出机料斗中，设定合适的加工条件，制备出具有阻燃性能的聚丙烯粒料。

3. 注塑成型

将制备好的阻燃聚丙烯粒料放入注塑机中，设定合适的加工条件，制备出氧指数测试的标准样条。

4. 阻燃性能测试

将制备好的标准样条放入氧指数测试仪中，按照标准方法和操作步骤进行测试，测 3 次取平均值得到该聚丙烯阻燃材料的氧指数。

六、注意事项

1. 聚丙烯、硅烷偶联剂以及多种阻燃剂等组分要充分混合均匀。
2. 制备工艺条件要合适，避免偶联剂和阻燃剂的分解。

七、实验数据及处理

1. 完成并记录详细的实验过程。
2. 完成表 5-5 的数据记录。

表 5-5　聚丙烯阻燃材料的制备及性能表征实验参数记录

<table>
<tr><td colspan="2">实验原料及牌号</td><td colspan="6"></td></tr>
<tr><td colspan="2">实验配方</td><td colspan="6"></td></tr>
<tr><td colspan="2">主要设备及型号</td><td colspan="6"></td></tr>
<tr><td colspan="8">双螺杆挤出机造粒工艺参数</td></tr>
<tr><td>实测温度/℃</td><td>T_1 =</td><td>T_2 =</td><td>T_3 =</td><td>T_4 =</td><td>T_5 =</td><td>T_6 =
（机头温度）</td><td>T_7 =
（熔体温度）</td></tr>
<tr><td>设定温度/℃</td><td>T_1 =</td><td>T_2 =</td><td>T_3 =</td><td>T_4 =</td><td>T_5 =</td><td>T_6 =
（机头温度）</td><td>T_7 =
（熔体温度）</td></tr>
<tr><td colspan="8">注塑工艺参数</td></tr>
<tr><td>注塑温度</td><td></td><td>压力</td><td></td><td>时间</td><td colspan="3"></td></tr>
<tr><td colspan="8">阻燃性能测试-氧指数</td></tr>
<tr><td>测试次数</td><td>1</td><td>2</td><td>3</td><td>4</td><td colspan="3">5</td></tr>
<tr><td>氧浓度/%</td><td></td><td></td><td></td><td></td><td colspan="3"></td></tr>
<tr><td>氮浓度/%</td><td></td><td></td><td></td><td></td><td colspan="3"></td></tr>
<tr><td>燃烧时间/s</td><td></td><td></td><td></td><td></td><td colspan="3"></td></tr>
<tr><td>燃烧长度/mm</td><td></td><td></td><td></td><td></td><td colspan="3"></td></tr>
<tr><td>燃烧结果</td><td></td><td></td><td></td><td></td><td colspan="3"></td></tr>
</table>

八、思考题

1. 根据制品的形状大小、质量，所需测试样条数量，每个加工成型的损耗量，计算具体需要的聚丙烯用量及配方设计。

2. 根据聚丙烯的流动性确定加工工艺条件。

3. 试说明你所设计配方的阻燃机理及其改进的方向。

实验 5.6　生物质改性塑料制备及性能

一、实验目的

1. 了解生物质钙化物的基本特性。
2. 掌握基本的生物质钙化物加工及改性方法。
3. 掌握生物质钙化物改性塑料的制备方法。
4. 掌握生物质钙化物改性塑料性能的测试和评价方法。
5. 能够发挥自身在团队中的作用，与团队成员分工合作完成指定实验项目。

二、实验概述

1. 生物质钙化物简介

贝类养殖占我国海水养殖总产量的 70%以上，居世界第一位。贝类虽然可以为人类提供大量的优质食用蛋白质，但随之产生的废弃贝壳也产生了不容忽视的环境问题。这些废弃贝壳的堆放、填埋不仅占用了大量土地，而且经过长期的风吹雨淋，其内部的有机质会腐败、变质释放有毒有害气体，给环境带来严重影响。研究表明，贝壳主要由 90%以上的 $CaCO_3$和 5%左右的有机质组成，是一种天然的有机/无机杂化材料。

2. 生物质钙化物改性聚丙烯

聚丙烯是一种广泛使用的优良树脂，具有无毒、抗腐蚀、加工容易等优良的综合性能。但单纯的聚丙烯不足以保证工程领域的性能需求，使用过程中需要加入一些填料和助剂。将贝壳粉用于改性聚丙烯，不仅可以减少环境污染，还可以变废为宝，提高聚丙烯性能。

三、实验设计要求

1. 实验前，确定分组，4~6 人/组，小组确定组长及组员并进行合理分工。
2. 生物质钙化物和聚丙烯的原料选择、成型工艺及制品的表征作为实验方向(挤出造粒和注塑成型)。
3. 根据要求的指标，通过查阅有关资料确定实验方案。
4. 聚丙烯、生物质钙化物的选择及用量确定。
5. 生物质钙化物改性聚丙烯材料成型过程及成型工艺确定，制品的性能表征，绘制工艺流程图。
6. 通过实验验证设计方案，分析产品的性能。
7. 撰写实验报告，进行实验成品、PPT 展示。

四、方法与内容提示

1. 配方设计

配方示例：

名　称	用　量	名　称	用　量
聚丙烯	500g	钛酸酯偶联剂	适　量
贝壳粉(处理后)	20g		
乙　醇	200mL		

2. 设备选择

主要仪器设备：

名　称	规格及用量	名　称	规格及用量
高速混合机	1台	注塑机	1台
双螺杆挤出机	1台		

五、参考实验步骤

1. 生物质钙化物的制备及改性

首先对贝壳进行预处理，包括水洗、碱液浸泡、自来水冲洗和烘干，然后用气流式粉碎机进行粉碎，筛分后得到粒径均匀的贝壳粉。

将贝壳粉与乙醇以 1 : 10 的比例混合后进行磁力搅拌，搅拌过程中加入一定量的钛酸酯偶联剂 201，常温下继续搅拌 30min，再超声 10min，反应结束后进行抽滤、烘干、研磨，得到改性贝壳粉。

2. 生物质钙化物改性聚丙烯的制备

将聚丙烯和改性贝壳粉按照预定的比例进行混合后，放入双螺杆挤出机料筒中，在一定的加工条件下进行挤出造粒，得到改性贝壳粉/聚丙烯混合粒料。然后，放入注塑机中注塑，得到标准测试样条。

3. 生物质钙化物改性聚丙烯性能测试

采用测试样条在标准测试条件下测试其力学性能，主要包括拉伸性能、弯曲性能和冲击性能。

六、注意事项

1. 聚丙烯、钛酸酯偶联剂等组分要充分混合均匀。
2. 制备工艺条件要合适，避免偶联剂的分解。

七、实验数据及处理

1. 完成并记录详细的实验过程。
2. 完成表 5-6 的数据记录。

表 5-6　生物质改性塑料制备及性能实验参数记录

实验原料及牌号	
实验配方	
主要设备及型号	

续表

改性塑料的制备					
混合温度/℃		混合速度/(r/min)		混合时间/min	
改性塑料性能表征					
热分解温度/℃	$T_{5\%}$ =	$T_{10\%}$ =	$T_{50\%}$ =	$T_{终止}$ =	
物理机械性能	断裂伸长率/%		拉伸强度/MPa		

八、思考题

1. 根据制品的形状大小、质量，所需测试样条数量，每个加工成型的损耗量，计算具体需要的聚丙烯和贝壳用量及配方设计。

2. 根据聚丙烯或其他聚合物的流动性确定加工工艺条件。

3. 偶联剂改性生物质填充塑料的改性机理是怎样的？

4. 你认为影响生物质填充改性塑料制品性能的关键因素有哪些？为什么？

实验 5.7　塑料的回收利用

一、实验目的

1. 了解塑料回收的原理及社会价值。
2. 熟悉塑料回收利用常见的设备及使用。
3. 掌握塑料回收中配方设计的原则及工艺要求。

二、实验概述

“回收”包括材料回收和能量回收，一般所说的塑料回收属于前者。回收的原材料来源于制品加工过程和使用过程中的废塑料，以粉状形态为宜。制品成型加工中产生的废品，如飞边、切边料、浇口凝料、流道凝料、试验料及落地料等，由于相对干净，容易回收利用。对于常用的热塑性塑料，在长期使用后也可以经破碎后回收，实现废物的再利用。因此，从社会环保的角度出发，塑料的回收技术具有广阔的前景，也是现实的迫切需要。通常将废料粉料或粒料按一定比例掺入新料中(一般为 10%~20%，最多不超过 30%)加以利用。

三、实验设计要求

1. 实验前，确定分组，4~6 人/组，小组确定组长及组员并进行合理分工。
2. 选定新料的品种，并确定回收料的种类。
3. 以探究最佳的回收料成型工艺(包括配比、工艺参数等)为指导原则，通过查阅有关资料确定实验方案。
4. 绘制工艺流程图。
5. 实验配方的设计、加工及成型工艺参数的选择和确定。
6. 通过注塑件力学性能指标的检测分析该实验配方及工艺的合理性。
7. 撰写实验报告，进行实验成品、PPT 展示。

四、方法与内容提示

1. 新料及回收料的选择

新料以注塑成型的热塑性塑料为主，例如聚乙烯、聚丙烯、聚氯乙烯等；回收料可以考虑加工的边角料、回收的塑料制品(如矿泉水瓶、废薄膜等日常可见的塑料产品)等，注意选料的纯度或干净的问题。

2. 实验配方设计的基本思路

通过合理的分工，小组成员可以借助文献资料的查阅初步确定实验的配方。以探究最佳的回收料成型工艺(包括配比、工艺参数等)为指导原则(期望尽可能不破坏新料的力学性能)，可以通过配方设计(如配比、改性剂的使用等)、工艺参数调节(粉碎的时间、加工温度等)来实现既定的目标。如下 PP 复合配方示例：PP，100 份；轻质 $CaCO_3$ 15 份或滑石粉 10 份。

3. 力学性能指标的检测

力学性能指标可以选取弯曲强度、拉伸强度及冲击强度等，不同指标的参考对配方设计及工艺参数的调整有不同的要求，实验前需要查阅资料做足准备工作。

五、参考实验步骤

1. 选定实验的新料及相应的回收料。
2. 根据文献调研的资料，确定初步的实验配方及实验方案。
3. 将回收料粉碎，并与新料进行预混合，其中可以加入其他的配合剂。
4. 混合料的注塑成型，并根据方案设定相应的工艺参数。
5. 注塑件的力学性能分析，评价实验设计方案的合理性，形成总结汇报。

六、注意事项

1. 选取回收料时要注意其环保及加工中的污染问题，做好防护工作。
2. 粉碎机使用过程中要注意安全。
3. 注塑机的操作要按照规章执行，工艺参数的选择要合理，必要时与教师协商确定。

七、实验数据及处理

1. 完成并记录详细的实验过程。
2. 完成表 5-7 的数据记录。

表 5-7　塑料的回收利用实验参数记录

<table>
<tr><td>选用的回收料种类、型号</td><td></td></tr>
<tr><td>实验配方</td><td></td></tr>
<tr><td>主要设备及型号</td><td></td></tr>
<tr><td colspan="2">混合料的注塑成型工艺</td></tr>
</table>

<table>
<tr><td colspan="8">模座</td></tr>
<tr><td>参数
动作</td><td>起始位置/mm</td><td>压力/MPa</td><td>速度/(mm/s)</td><td>参数
动作</td><td>起始位置/mm</td><td>压力/MPa</td><td>速度/(mm/s)</td></tr>
<tr><td>关模一段</td><td></td><td></td><td></td><td>开模一慢</td><td></td><td></td><td></td></tr>
<tr><td>关模二段</td><td></td><td></td><td></td><td>开模快一</td><td></td><td></td><td></td></tr>
<tr><td>低压模保</td><td></td><td></td><td></td><td>开模快二</td><td></td><td></td><td></td></tr>
<tr><td>高压锁模</td><td></td><td></td><td></td><td>开模二慢</td><td></td><td></td><td></td></tr>
<tr><td colspan="4"></td><td>开模终止</td><td></td><td></td><td></td></tr>
</table>

<table>
<tr><td colspan="9">射出</td></tr>
<tr><td>参数
动作</td><td>起始位置/mm</td><td>压力/MPa</td><td>速度/(mm/s)</td><td>时间/s</td><td>参数
动作</td><td>压力/MPa</td><td>速度/(mm/s)</td><td>时间/s</td></tr>
<tr><td>射出一段</td><td></td><td></td><td></td><td></td><td>保压一段</td><td></td><td></td><td></td></tr>
<tr><td>射出二段</td><td></td><td></td><td></td><td></td><td>保压二段</td><td></td><td></td><td></td></tr>
</table>

续表

力学性能分析			
冲击强度/MPa		冲击模量	
断裂伸长率/%		拉伸强度/MPa	

八、思考题

1. 选定新料的注塑成型工艺基本条件是怎样的？过程中有哪些细节需要注意？
2. 回收料的基本组成如何？与新料聚合物的相容性怎样？
3. 加工中的回收料的处理工艺如何？加工参数对最终注塑件性能的影响是怎样的？
4. 结合本次实验的结果，你认为可能的改进空间在哪？如何改进？

实验 5.8　手糊法玻璃钢的制备及性能研究

一、实验目的

1. 熟悉玻璃钢成型的技术要点、操作程序和技巧。

2. 掌握手糊成型玻璃钢的配方及成型工艺设计，根据给定的不饱和树脂类型，通过文献查阅进行实验方案和成型工艺设计。

3. 学会合理剪裁玻璃布、毡和铺设玻璃布、毡。

4. 理解不饱和聚酯树脂和胶衣树脂配方、凝胶、固化和富树脂层等概念和实际意义。

5. 掌握玻璃钢材料的表征方法。

6. 能够发挥自身在团队中的作用，与团队成员分工合作完成指定实验项目。

二、实验概述

纤维增强塑料俗称玻璃钢。以不饱和聚酯树脂为基体制作的增强塑料，称为不饱和聚酯树脂玻璃钢(以下简称玻璃钢)。它以价格低廉、工艺性好、固化后综合性能好的优势，越来越广泛地应用于建筑、防腐、造船、交通运输、汽车行业、电器工业等方面。玻璃钢不但可用作装饰件，还可以作为结构材料应用。尤其在小批量生产中，采用玻璃钢制品可降低成本，缩短生产周期，减小工装费用，提高零件质量。手糊成型是玻璃钢成型的工艺之一，国内很多中小型企业仍然是以手糊成型为形状不规则的玻璃钢制品的主要生产方式。在大型企业中，手糊工艺也经常被用来解决一些临时的、单件的生产问题。目前，在国内采用手糊成型生产的产品有浴盆、波纹瓦、雨阳罩、冷却塔、活动房屋、贮槽、贮罐、渔船、游艇、汽车壳体、大型圆球屋顶、天线罩、卫星接收天线、舞台道具、航空模型、设备护罩或屏蔽罩、通风管道、河道浮标等。因此，掌握手糊成型工艺技术很有必要。

在手糊成型中，不饱和树脂和玻璃布是主要原材料。当然，用作手糊成型的不饱和树脂中还需要加入适当的交联剂(如乙烯类单体：苯乙烯、邻苯二甲酸、甲基丙烯酸甲等)、催化剂(过氧化环己酮、过氧化乙酮)、促进剂(环烷酸钴、萘二甲酸钴)。按所加入的催化剂和促进剂的配方不同，树脂可于加热或不加热情况下固化，因此可采用手糊成型法成型。

玻璃布在不饱和树脂玻璃钢中作为增强材料，可使制品的力学性能大幅度提高。

三、实验设计要求

1. 实验前，确定分组，4~6 人/组，小组确定组长及组员并进行合理分工。

2. 手糊成型玻璃钢制品的原料选择、成型工艺及制品的表征作为设计方向(本实验要求常温常压固化)。

3. 根据要求的指标，通过查阅有关资料确定方案。

4. 绘制工艺流程图。

5. 不饱和树脂的合成和选用，交联剂、催化剂、促进剂的选择及用量确定。

6. 手糊成型过程及成型工艺确定，制品的性能表征，绘制工艺流程图。

7. 通过实验验证设计方案，分析产品的性能。

8. 撰写实验报告，进行实验成品、PPT 展示。

四、方法与内容提示

1. 配方的设计

（1）可以选用不同结构的不饱和树脂或者自制的环氧树脂，但需要根据树脂的种类进行固化剂的选择。

（2）可以根据手糊成型制品的形状选用模具，但需要计算好树脂的用量。通常固化后的制品中，树脂的含量为50%左右。

配方示例：

名　称	用量	名　称	用量
不饱和聚酯树脂	100g	脱模蜡	适量
过氧化环己酮	4g	颜料	适量
钴苯(苯乙烯和环烷酸钴)	2g	钛白粉(碳酸钙)	适量
玻璃布(按模具大小剪裁)	数层		

主要仪器设备：

名　称	规格及用量	名　称	规格及用量
成型模具	1 套	刷子	1 把
天平	1 台	玻璃棒	1 根
剪刀	1 把	烧杯	3 个(250mL)

2. 玻璃钢的表征

（1）玻璃钢制品最突出的是力学性能，如果制品形状规整，可裁取标准条形制品进行力学性能测试，也可以取 5~10mg 样品进行热分析实验；取平整表面观察胶液涂覆固化均匀情况等。

（2）可对浸渍树脂进行配方设计，使其固化工艺和产品的性能具有可设计性。

五、参考实验步骤

1. 模具处理

清理模具表面，涂上薄而均匀的脱模蜡，涂蜡要反复涂数次到模具表面发光为止。

2. 原料混合

按配方称好不饱和树脂，先取少量树脂与钛白粉(或碳酸钙)混合，混合均匀后再把剩余的树脂加入搅拌均匀，然后加入钴苯，最后加过氧化环己酮，并将其充分混合。

3. 涂布

首先在模具上涂刷一层薄的树脂(约 0. 2mm 厚)，稍停片刻再涂一次树脂，粘上第一层玻璃布。并用毛刷正压(不要用力刷涂，以免玻璃布走样)，使树脂浸透玻璃布，玻璃布层间和表面不应有明显气泡。紧接着第二层、第三层依次重复操作，注意玻璃布接缝错开位置，每层之间不应有明显气泡，即不应有直径 1mm 以上的气泡。

若模具简单，可整块粘上玻璃布，形状复杂的应按模具需要剪成小块，逐块粘贴玻璃布。粘结时必须注意布与布之间搭接，否则会造成布与布之间留有间隙而造成制品强度下降。粘好最后一层，再涂上最后一层树脂，待固化后脱模。

★每粘上一层玻璃布时，必须进行压平排气，以避免制品有气泡。

4. 固化、脱模

手糊完毕后需待制件达到一定强度后才能脱模，这个强度定义为能使脱模操作顺利进行而制品形状和使用强度不受损坏的起始强度，而低于这个强度脱模就会造成损坏或变形。脱模时，注意由外围向中心逐步将制品脱离模具，切勿用金属工具撬打，以免损坏制品及模具。

★通常气温在 15~25℃ 下 24h 即可脱模；形状简单的制品，30℃ 以上 10h 可以脱模；气温低于 15℃ 则需要加热升温固化后再脱模。

★若要加快脱模时间即固化时间，可适当增加引发剂和促进剂用量。

5. 修剪毛边并美化装饰。根据实验方案，剪取部分样品进行测试。

六、注意事项

1. 玻璃布要压平整。
2. 涂料要均匀。
3. 转角或边上要加固。
4. 冬天钴苯用量可稍多加些。
5. 称取过氧化环己酮要摇匀。

七、实验数据及处理

1. 完成并记录详细的实验过程。
2. 完成表 5-8 的数据记录。

表 5-8　手糊法玻璃钢的制备及性能研究实验参数记录

实验原料及牌号			
实验配方			
主要设备及型号			
玻璃钢的制备			
制备方法	黏度	凝胶时间	固化程度
机械强度			
板厚	拉伸强度	弯曲强度	弯曲弹性模量

八、思考题

1. 根据制品的形状大小、涂覆层数，计算具体需要的树脂用量及配方设计。
2. 根据涂覆及固化需要的时间，确定固化剂、促进剂和催化剂的用量。
3. 不饱和聚酯树脂玻璃钢成型后的硬度对材料的应用有何影响？
4. 影响制品硬度指标的关键因素是什么？

实验 5.9　高性能橡胶的制备及耐磨性能研究

一、实验目的

1. 熟悉橡胶配方设计的基本原理。

2. 根据给出的实验设备及原材料，通过查阅文献选择胶种及相应的配方体系，进行橡胶配方设计。

3. 学会橡胶 DIN 磨耗试样的制备方法。

4. 掌握橡胶耐磨性的测定方法。

二、实验概述

耐磨性表征硫化胶抵抗摩擦力作用下因表面破坏而使材料损耗的能力。耐磨性与橡胶制品使用寿命密切相关。橡胶的磨耗不仅与使用条件、摩擦的表面状态、制品的结构有关，也与硫化胶的其他力学性能和黏弹性能等物理、化学性质有密切的关系。

1. *磨耗的形式*

(1) 磨损磨耗。橡胶在粗糙表面上摩擦时，由于摩擦表面上凸出的尖锐粗糙物不断切割、刮擦，致使橡胶表面局部接触点被切割、扯断成细小的微粒，从橡胶表面上脱落，形成磨耗。

(2) 疲劳磨耗。与摩擦面相接触的橡胶表面在反复的摩擦过程中受周期性压缩、剪切、拉伸等形变作用产生疲劳，并逐渐在其中生成疲劳微裂纹，继续发展造成材料表面的微观脱落，形成磨耗。

在不同的使用条件下，橡胶的磨耗机理不同。Satake 认为，在橡胶磨耗过程中，由于摩擦表面局部应力集中而造成表面层的机械破坏是橡胶磨耗的最基本形式，并提出了机械磨耗理论。机械破坏包括扯断、撕裂、周期性疲劳，本质上都是应力集中引起裂口增长的结果。决定橡胶磨耗类型的主要因素不能只由摩擦表面的粗糙度来区别，拉伸强度是影响橡胶耐磨性能最为重要的力学指标，其与橡胶的耐磨性成正比关系。定伸应力对不同类型的磨耗有不同的影响，定伸应力高时，摩擦表面的凸体压入橡胶深度小，抗形变能力强，摩擦系数小，且橡胶表面刚性大，不易褶皱卷曲，因此对磨损磨耗和卷曲磨耗均有利。这可使两种磨耗的磨耗强度降低，磨耗速度减慢。而在疲劳磨耗的条件下，情况则相反，定伸应力提高会加剧疲劳磨耗。提高硫化胶的弹性，耐磨性能也会随之提高，耐磨性与硫化胶的主要力学性能都有关系。

2. *胶种的影响*

在通用的二烯烃橡胶中，硫化胶的耐磨性能按此顺序递减：顺丁橡胶>溶聚丁苯橡胶>乳聚丁苯橡胶>天然橡胶>异戊橡胶。其他以氯磺化聚乙烯为基础的橡胶，具有较高的耐磨性，且高温下的耐磨性亦较好。丙烯酸酯橡胶为基础的硫化胶耐磨性低于丁腈橡胶，聚氨酯橡胶是所有橡胶中耐磨性最好的一种。

3. 硫化体系与耐磨性的关系

硫化胶的耐磨性随硫化剂用量增加有一个最大值，一般此时硫化胶的交联密度最佳。硫化胶的单硫键含量愈多，胶料的耐磨性愈好。

（1）填充体系与耐磨性的关系。通常硫化胶的耐磨性随炭黑粒径减小、表面活性及分散性的提高而提高。关于炭黑的结构对其填充硫化胶耐磨性的影响，说法不一。

（2）软化剂与硫化胶耐磨性的关系。通常在胶料中加入软化剂能降低硫化胶的耐磨性。各种油类对耐磨性的影响较为复杂。总的来说，天然橡胶和丁苯橡胶中采用芳烃油，对硫化胶的耐磨性损失影响较小。

（3）防护体系与耐磨性的关系。在疲劳磨耗的条件下，防老剂的添加可以提高硫化胶的耐磨性能。具有优异防臭氧老化的对苯二胺类防老剂 4010NA 效果突出。

（4）提高硫化胶耐磨性的其他方法

炭黑改性剂：添加少量的含硝基化合物，可改善炭黑的分散性，提高炭黑与橡胶的相互作用，降低硫化胶的滞后损耗。

硫化胶的表面处理：使用含卤素化合物的溶液和气体，对丁腈橡胶硫化胶的表面进行处理，可以降低制品表面的摩擦系数，提高耐磨性。用液态五氟化锑和气态五氟化锑处理丁腈橡胶表面时，可使其摩擦系数和摩擦温度大幅降低。

硅烷偶联剂改性：采用硅烷偶联剂 A-189、Si-69 改性白炭黑填充的丁苯橡胶、丁腈橡胶及三元乙丙橡胶时，材料的耐磨性能得到显著改善。

橡胶-塑料共混：橡塑共混是提高硫化胶耐磨性的有效途径，丁腈橡胶与三元尼龙共混、与酚醛树脂共混均可提高硫化胶的耐磨性。

添加固体润滑剂和减磨材料：在丁腈橡胶中添加石墨、二硫化钼、氮化硅、碳纤维等，可使硫化胶的摩擦系数降低，提高其耐磨性能。

三、实验设计要求

1. 实验前，确定分组，4~6 人/组，小组确定组长及组员并进行合理分工。
2. 提高 NR 或 SBR 硫化胶的耐磨性能。
3. 通过查阅有关资料确定实验方案。
4. 通过检测数据评价实验方案的合理性。
5. 撰写实验报告，进行实验成品、PPT 展示。

四、方法与内容提示

提高 NR 或 SBR 硫化胶的耐磨性能，大致的设计思路依次为：生胶的塑炼，混炼胶的制备（小组查阅资料设计确定），混炼胶硫化工艺的确定（需要采用无转子硫化仪先测定混炼胶的正硫化时间 t_{90}），混炼胶的硫化成型（平板硫化机热压成型），硫化胶的耐磨性能测试（提前熟悉 DIN 磨耗的测试原理及仪器使用方法）。

五、参考实验步骤

1. 按照实验配方的设计称量各种原料。

2. 采用开炼机对橡胶生胶进行塑料，而后依次加入各种配合剂进行混炼，制备混炼胶。

3. 采用无转子硫化仪确定混炼胶的正硫化时间 t_{90}，硫化测试条件依据文献、国标规定执行。

4. 称适量的混炼胶，在特定模具中进行热压成型，成型温度以硫化测试温度为准，保压时间在 t_{90} 基础上根据 DIN 磨损样块的厚度适当调节增加。

5. 压制成型结束后，脱模取样，室温冷却调节 2h 后即可进行耐磨性能检测。

六、注意事项

1. 橡胶开炼共混过程中严格按照机器的操作规范执行，注意安全。
2. 平板硫化机热压成型过程中注意砸伤、烫伤的风险，做好个人防护措施。

七、实验数据及处理

1. 完成并记录详细的实验过程。
2. 完成表 5-9 的数据记录。

表 5-9　高性能橡胶的制备及性能实验参数记录

实验原料及牌号					
实验配方					
主要设备及型号					
橡胶开炼共混过程					
温度		时间		速率	
压成型过程					
温度		压力		时间	
耐磨性能测试					
磨损率：	单位时间下的磨损量		磨损时部件质量		

八、思考题

1. 影响橡胶耐磨性的因素有哪些？
2. 橡胶硫化胶的制备工艺条件、设备及过程如何？
3. 橡胶磨耗性能测试的方法及原理如何？
4. 结合本次实验的结果，你认为该配方体系还有哪些改进空间？

实验 5.10　填充型橡塑复合材料的微观结构及性能

一、实验目的

1. 掌握填充型橡塑复合材料微观形貌结构的观察方法。
2. 了解填充型橡塑复合材料基体的制备工艺过程。
3. 明确填充剂的形貌、分散对复合材料性能的影响。

二、实验概述

作为高分子材料的重要成员，橡胶、塑料制品的应用极为广泛。以塑料树脂、生胶为主要基体原料，橡塑材料在应用过程中往往要加入大量的填充剂，即填充型橡塑复合材料。常见的填充剂如炭黑、白炭黑、碳酸钙、蒙脱土、埃洛石等，一方面可以添加低廉的填充剂以降低橡塑制品的生产成本，另一方面，填充剂的添加往往能克服单一聚合物力学性能低的缺点，使复合材料获得优异的物理机械性能。因此，填充剂在橡塑制品配方中占有重要的地位。

一般而言，聚合物复合材料的宏观性能表现，如拉伸强度、硬度等，与其微观结构有密切关系，而在填充型橡塑复合材料中，填充剂的形貌、粒径或分散状态、填充剂与橡塑聚合物基体的相容性等直接决定了材料最终的使用性能。因此，观察并分析填充剂粒子在橡塑材料基体中的分散形貌对于准确判断或掌握材料性能变化的规律有重要意义，是高分子材料领域合格工程师所应具备的基本素养。

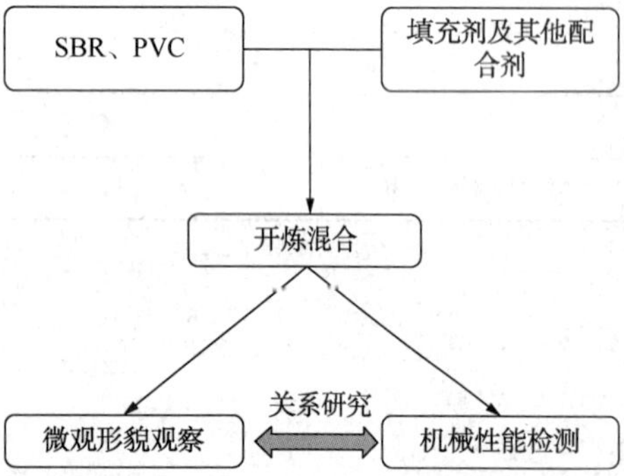

图 5-4　填充型橡塑复合材料的微观结构及性能路线图

本设计实验拟选用丁苯橡胶(SBR)、聚氯乙烯(PVC)为基体树脂，配合不同类型的填充剂，如白炭黑、蒙脱土、埃洛石、碳酸钙等，其他加工助剂均为市售工业品，例如活化剂、硫化剂、增塑剂、硫化促进剂等。通过实验手段制备相应的橡塑复合材料，并观察材料的微观形貌结构，对比分析材料物理机械性能的差异，并能就实验方案的不足提出改进措施并验证。工艺流程如图 5-4 所示。

双辊混炼机(填充型橡塑复合材料的制备)：即开放式炼胶(塑)机，或称开炼机，是相对简便的聚合物加工设备。能对可塑性聚合物施加一定的剪切作用，使配方中各组分在无本质变化的情况下，相互进入其他组分所占空间，从而均匀分布于基体聚合物中，保证胶料各部分的性能均匀一致。当原料进入两辊面间的间隙时，由于辊面间的间隙很小，再加上两辊面的旋转线速度不同，则使这部分物料受到强烈的挤压、剪切和捏合作用。这种原料间的复杂运动，使原料本身产生一定的摩擦热，使辊筒面上的原料软化、混合塑化，再加上操作人员把原料在辊面上不断地翻动，使混合料进一步扩散、混合塑化均匀。

平板硫化机(复合材料的成型)：将未硫化的混炼胶或树脂材料放入模型后，将模型置于两层热板之间的间隙中(对于无模型制品如胶带、胶板直接放入热板之间)。然后向液压缸内通液压介质(油或水)，柱塞便推着活动平台及热板向上或向下运动，并推动可动平板压紧模具或制品。在进行上述运动的同时向加热平板内通加热介质，从而使模型(或制品)获得硫化过程所需的压力和温度，经一段时间(硫化周期)以后，制品硫化完毕，这时将液压缸内的液压介质排除，由于柱塞在本身自重(或双作用缸的液压)作用下下降，便可取出制品。

电子拉力机(获取材料的物理机械性能)：将成型的橡胶片裁剪成要求的形状，在电子拉力机上进行拉伸试验。通过夹具将样品固定，然后施加一定的牵引速率(500mm/min)，橡胶在力的作用下会不断变形伸长直至最终的断裂，从而获得样品的物理机械性能参数。

扫描电子显微镜(截面形貌观察)：扫描电镜是介于透射电镜和光学显微镜之间的一种微观形貌观察手段，可直接利用样品表面材料的物质性能进行微观成像。主要是利用二次电子信号成像来观察样品的表面形态，即用极狭窄的电子束去扫描样品，通过电子束与样品的相互作用产生各种效应，其中主要是样品的二次电子发射。二次电子能够产生样品表面放大的形貌图像，这个像是在样品被扫描时按时序建立起来的，即使用逐点成像的方法获得放大图像。材料断裂截面的获取可通过上述电子拉力机拉伸断裂样品获得，也可通过液氮低温脆断样品获得。部分设备如图 5-5 所示。

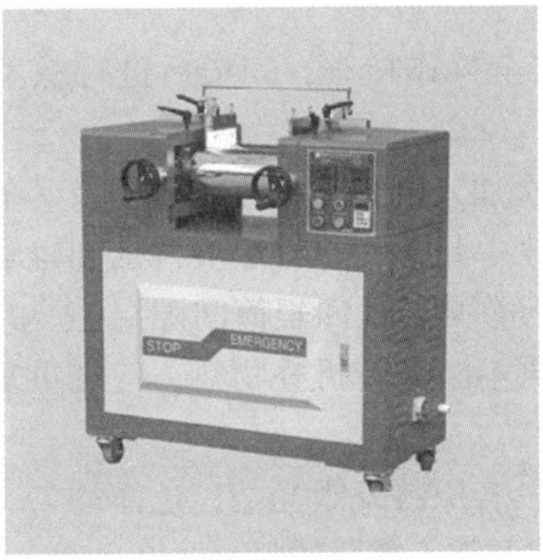

(a)开炼机

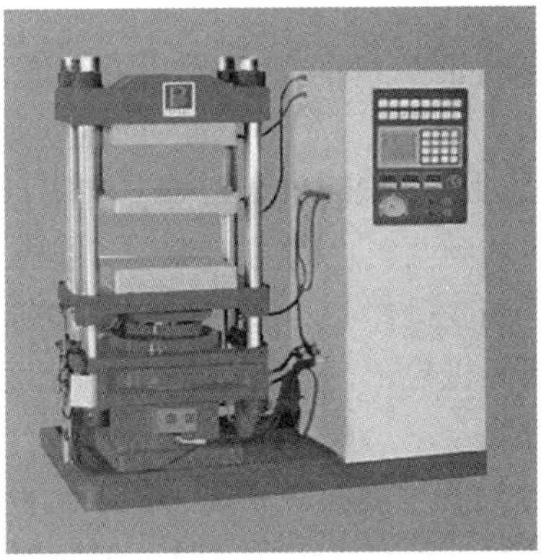

(b)平板硫化机

(c)电子拉力机

(d)扫描电子显微镜(SEM)

图 5-5　实验所需设备示意图

三、实验设计要求

1. 实验前，确定分组，4~6人/组，小组确定组长及组员并进行合理分工。

2. 设计不同配方，研究填充剂的差异(如含量差异、粒子形貌差异等)，便于对比观察。

3. 通过查阅有关资料确定实验方案。

4. 通过检测数据评价实验方案的合理性并能提出改进措施。

5. 撰写实验报告，进行实验成品、PPT展示。

四、方法与内容提示

1. 实验具体配方可以通过具体的文献案例进行实施。

2. 在观察材料的断面形貌时，尽可能选择易于辨识的填充剂。

3. 在断面制备的过程中要注意工艺条件所造成的影响，例如拉伸对纤维状填充剂排列的影响、表面污染及脆性断裂的问题。

4. 建议小组分工加快配方设计的过程，并通过研讨确定最终的配方方案。如果条件允许，尽可能开展对比样的观察和分析。

五、参考实验步骤

1. 打开双辊混炼机的总电源开关，进行安全操作检查，完毕后进行橡胶复合材料的制备。

2. 首先，对丁苯橡胶进行塑炼，完毕后依次加入活化剂、无机粒子及其他助剂。过程中把原料缓缓加到两辊之间的间隙中，把从间隙中漏下的原料尽快再加到辊隙中混炼。同时用刮刀进行割胶操作(3/4刀)，拉成料带，折叠翻转送回辊筒间隙混炼。并辅以三角包的工序以增强无机粒子在橡胶基体中的分散，再不断翻转折叠物料，使之重复辊压，以利于物料的充分混合。

3. 在辊压过程中随时观察原料的表面状态，若原料外观光洁，色泽均匀、料片截面观察不到粉状物料，且有一定强度时，将双辊间隙调整至需要的料片厚度尺寸，辊压2~3次，从辊筒表面割断料片，并迅速牵引出料，摊放平整，停放一段时间待用。

4. 将混炼后的胶片按照特定的质量在规定的模具中进行热压成型操作。设定平板硫化机的工作温度160℃(提前半小时预热)，模压成片状材料，保压20min后开模取出硫化后的橡胶片(注意过程中防烫伤)。

5. 将成型后的硫化胶片裁剪成规定尺寸的哑铃状，然后在电子拉力机上进行拉伸测试，得出样条的拉伸强度、断裂伸长率等参数指标，并做好记录。将断裂后的样条截面用密封袋包装，避免其他杂物对断裂截面的污染。

6. 断裂截面的SEM观察。将拉伸后的断面或液氮低温脆断面进行喷金处理，按照规定的操作步骤在TM3030型扫描电镜中观察无机粒子的形貌、分散情况等，并拍照记录，最终形成实验总结报告。

7. 各环节实验结束后，按照操作规程进行停机操作，做好实验操作登记。

8. 对实验区进行清扫、整理，关闭仪器的电源、水路开关等。

六、注意事项

1. 双辊转动时，手不能接近辊筒的间隙处，塑炼时双手尽量避免越过辊筒水平中心线上部，送料时手应作握拳状。割刀须在辊筒水平中心线以下部位操作。

2. 正常停车时，不要使用紧急装置停止设备运转，不要使用坚硬的金属物体碰撞双辊表面，以免碰伤双辊表面。

3. 调整辊距时应左右均匀调节，严禁辊矩为零。在使用小辊距，即小于 0.5mm 压片时（指空载距离，不是压片厚度，实际压片厚度大于此值），辊间必须包有材料，在断料前应立即松开辊距，以保护辊筒表面不致擦伤。

4. 实验时发现杂物进入辊筒间隙或发生人身紧急事故时，须立即拉动安全拉杆或按下急停按钮，使双辊停止转动。

5. 平板硫化机成型操作过程中要注意防止烫伤，必须严格按照规程进行操作。

七、实验数据及处理

1. 完成并记录详细的实验过程。

2. 完成表 5-10 的数据记录。

表 5-10　填充型橡塑复合材料的微观结构及性能实验参数记录

实验原料及牌号					
实验配方					
主要设备及型号					
混炼过程					
温度		双辊之间的间隙		时间	
热压成型					
温度		压力		时间	

八、思考题

1. 影响填充剂在聚合物基体中分散的因素有哪些？

2. 如何提升填充剂在橡胶、塑料相中的分散？

3. 扫描电镜观察到的填充剂形貌及分散与橡塑复合材料的拉伸性能有何联系？

4. 如何通过扫描电镜的形貌观察判断填充剂增强或增韧效果的好坏？

参 考 文 献

[1] 刘方. 高分子材料与工程专业实验教程[M]. 上海：华东理工大学出版社，2012.
[2] 中国石油化工与销售分公司. 中国石油化工产品生产工艺及加工应用[M]. 北京：石油工业出版社，2007.